북 핵 한
이렇게 해결할 수 있다.

정 진 호 저

星 山

목 차

저자 서문

북한 대량살상무기(핵, 미사일, 화생)의 엄청난 먹구름이 한반도를 드리우고 있다.

국제 정세는 요동치고 있고 혼돈 속에서 저마다 살아남기 위해 모든 지략을 총동원해 지푸라기라도 잡으려 발버둥 치고 있다.

처신과 처세를 넘나들며 파격적인 외교행각을 펼치고 있는 동안 국가안보와 국제관계의 기본은 무너지고 도무지 알 수 없는 기행들만이 외교무대 현장에서 난무하여 국제정치 전문가들도 한치 앞을 점쳐볼 수 없을 정도로 지금 동북아시아는 Grey market(회색시장〈灰色市場〉 : 공정가격 보다 위법적인 다소 비싸게 매매하는 시장)이 형성되어 있다. 필자는 이 와중에도 중심을 잡아 국제질서의 보편적 가치를 준용하면서 한국의 국가안보와 국가이익에 초점을 맞춘 집필에 들어가기로 하였다.

한국의 국내 사정은,

한 쪽에서는 우리가 어떻게 해야 할 수준을 넘어섰다며 대화로 평화롭게 풀어 보자고 하지만 진즉 당사자인 북(北)은, 너희는 게임의 상대가 안 된다며 일언반구 없이 묵묵부답으로 대응하다가 '평창 동계올림픽'이라는 국제행사를 매개로 넌지시 손을 내밀지만 '북한 핵' 얘기만 나오면 손사래를 치고 있다.

또 한 쪽에서는 전술 핵 배치 등 보다 강력한 대응 방안을 강구하여 더 강하게 밀어붙여야 한다고 한다.

각종 매스컴에서는 문외한들이 조각조각난 파편만 들고 나와 믿거나 말거나 던져버리는 것을 여과 없이 내 보내고 있다.

책임 있는 영역에서는 일일이 대응할 가치가 없다며 무시해 버리고 있어서 혹여 무슨 상책이라도 있나 하고 기대해 보지만 '무대책이 상책' 이란 듯 조용하게 지나치고 있다.

한마디로 표현하자면 국가안보 환경은 위중한데 '오합지중(烏合之衆: 어중이떠중이가 모여 질서가 없는 무리)'의 세태가 빚어지고 있는 모양이다.

한반도는 지난 역사에서 960여 회의 외침을 받았다. 늘 일단 한번 당하고 난후에야 정신을 차리고 외양간을 고치는 사후약방문(死後藥方文)의 전철을 밟아 왔었다.

전쟁이나 국난역사에 대한 빅 데이터가 가장 절실한 국가에서 가장 허약한 데이터를 가지고 있고 또 그러한 자원(인재)들을 내팽개쳐 온 결과물이 지금 나타나고 있다.

전쟁 유경험자와 평소 대 침투작전 유경험자를 홀대해 왔고 그저 일신이 빛나는 자리를 맴돌던 사람들이 승승장구해서 아까운 유경험자들을 가까이 하기를 꺼려해 왔다. 더욱이 정치권이나 국민들 중에는 전쟁 관련 얘기만 나오면, 또 전쟁을 불러일으키려 하느냐는 등 힐난과 비하가 폭발하는 바람에 모두 물밑으로 살아지고 깊이 있는 대화와 자료 축적이 살아지게 된 것이다.

그 빈자리를 외국서적 몇 권 읽고 자료 번역해서 입담 좋은 사람들이 매스컴을 독차지하게 됨으로써 국가안보 이슈가 전혀 다른 방향으로 흩날려 돌게 되었다.

가장 대표적인 사례가 제도적인 것으로써 '국가비상기획위원회 해체' '학생교련교육 폐지'가 되겠고, 안보정책적인 것으로는 '전시작전통제권 환수' '군 의무복무기간 단축' '병력 감축' '주한미군 철수 문제' 등이 되겠다.

국가안보는 한 국가의 존립과 관련된 문제이기 때문에 두 가지 이상의 견해가 나올 수 있지만, 곧바로 하나로 이어져야만 하고 여기에 민주주의에 다양성, 알권리 등을 연결시키면 가장 엄혹한 안보환경에 처해 있는 우리나라는 그 기축이 흔들리게 되어 있다. 국가안보의 정론 생산지는 '국방부'이다. 라는 필자의 평소 지론을 다시 한 번 주장하게 된다.

예를 들어서, 국방부에서 방위사업에 비리가 터지고, 기무사 문제가 발생하고, 각종 인사(人事)사고가 벌어지고, 각종 비위 사실이 나타나더라도 그 사건 개별적인 처리를 넘어서 국방부 존폐까지 거론하며 힘을 빼는데 각종 매스컴, 정치권이 난리법석을 떨면, 국방수뇌부의 사고에 균열이 발생하여 안보정책 결정에 중심이 흐트러지게 되고, 궁극적으로 피해는 국민의 몫으로 돌아가게 된다. 따라서 국가안보와 개별 사건들을 구분할 줄 아는 지혜가 필요하다.

지금 북한은 그동안의 핵 개발과 실험을 통해 달성한 대량살상무기의 위력으로 한국을 괄호 밖으로 빼버리면서 미국을 겁박하고, 일본을 압도하며, 중국과 러시아는 스스로 북한을 짝사랑하게 하는 '다차원 맞춤전략'을 변화무쌍하게 펼치고 있다. 어쨌든 현재까지는 성공적으로 수행하고 있다.

이렇듯 모든 국가들이 북한의 전략에 말려들게 된 것은 다 이유가 있다. 첫째, 각국의 국내 정치 상황과 맞물려 돌아가고, 둘째, 국가별 국가이익이 모두 다르며, 셋째, 정치 지도자들의 소심성이 한 몫하고, 넷째, UN 안보리의 기능과 권능에 근본적인 맹점이 더해 졌으며 다섯째, 6자회담을 독점하면서 아무런 기능을 발휘하지 못한 중국의 속내(북한 감싸기)가 만천하에 들어났으며, 여섯째, 그 누구도 깊은 수렁에 먼저 발을 들여 놓지 않으려 하고 일곱 번째로 가장 중요 한 것은 당사국인 한국의 정치지도자가 독자제재에 한 발 뒤에 멈춰서 있는 것이 국제사회 공조에 큰 걸림돌이 되고 있는 것이다. 이런 모습을 미국 국민이 보아도 의아하고, 일본 국민이 보아도 어리둥절하고, 국제사회가 보아도 한국의 무사태평함을 이해할 수가 없다는 생각이다. 여기에 덧칠한 것은 북한의 주장이다. '북한의 핵무기'가 결코 남조선을 겨냥한 게 아니고, 우리 민족끼리의 항구적인 평화를 위한 불가역적인 대응수단 이란 말로 합리화시키는 말에 애써 동조하는 집단이 늘어나고 있다는 점이 기묘한 현상이다.

북한 핵은(완전한 무기 수준)조심성 있게 접근해야 함은 맞는 말이다. 북한 입장에서는 **'체제유지 수단'이**자 국제사회와 대화의 물고를 터기 위한 최종 수단이기 때문에, 이른바 북한이 전매특허처럼 잘 사용하고 있는 **'벼랑 끝 전술'**의 결정판이기 때문에 그렇다.

한국과 국제사회는 크게 두 가지만 고려하면 된다.

첫째, 대량살상무기(핵, 미사일, 화생무기)가 지금 보다 더 고도화 되기 이전에 싹을 자르는 단기작전과

둘째, 핵전쟁을 불러일으키지 않는 긴 호흡의 중 · 장기작전이다.

필자는 위 두 가지 유형을 세분화해서 본문에서 풀어보려고 한다. 무엇보다 대원칙은 한반도에서 핵이 폭발하는 일이 없어야 하고, 싸우지 않고 이기는 부전승 (不戰勝)의 방안을 강구하는 것이다.

이를 위해서는 한미동맹에 한 치의 오차가 발생해서도 안되며 국민적 안보 공감대 형성이 따라 주어야만 한다. 이 또한 세부진행 방향을 본문에서 펼칠 계획이다.

국제사회에서 국가의 안보환경을 얘기하고 국가방위를 거론할 적에 가장 먼저 대두되고 있는 것이 '이스라엘의 국가안보'이다.

한국의 대구 경북, 울산을 합친 만큼의 면적과 인구를 보유하고 있으면서도 그 인구와 면적에 50배가 넘는 주변 아랍 국가들에 에워 쌓여 60년대 이전에 4차례의 중동전쟁에서 모두 승리하였고, 지금도 끊임없이 팔레스타인 문제, 이란과의 문제, 시리아, 레바논, 이집트와의 크고 작은 문제가 발생해도 늘 주도적으로 해결해 나가는 것은 이스라엘 국민의 안보 공감대가 혼연일체가 되어 있기 때문이다. 그 근본적인 바탕에는 미국과 이스라엘의 튼튼한 군사동맹이 깔려 있고, 여성이 국방에 의무복무를 하고 있으며, 외국 유학생들이 국내 상황을 모니터링하면서 위난에 빠지면 학업을 중단하고 공항으로 몰려들고 있다. 뿐만 아니라 미국 , EU 등지에서 여론 주도층에 포진되어 있는 유대인들이 쏜살같이 달려들어 국가를 지탱해 주는 구심점 역할을 해 주고 있다. 특히 한국이 눈여겨 보아야할 부분은, 이스라엘도 국내 정치투쟁이 예사스럽지 않다. 우파(리쿠르드당)와 좌파(노동당)의 정치투쟁이 치열하다. 하지만 안보 위기가 닥치면 놀랍게도 한목소리를 내면서 외부 위협에 공동으로 대처하고 있다. 한국은 이스라엘을 타산지석(他山之石)으로 삼아야만 한다.

안보환경 면에서만 보면 한반도가 훨씬 더 엄혹한 환경에 처해 있다는 것을 국제사회는 모두 인정을 하고 있다. 그럼에도 불구하고 진즉 당사자인 우리는 강 건너 불 보듯 하고 있다.

그런데 특이한 점은 일반 국민의 약 60%는 국가안보에 지대한 관심과 적극 나설 채비를 하고 있는 반면에, 나름 지식인층(정치인, 교수/교사, 종교인, 법조인, 언론인, 문화 예술인, 상급직 노동자 등) 부류에서는 말로만 안보, 안보 하면서 표리부동한 행위를 연출하는 사람이 많은 것에 문제가 있다. 다수인양 여론을 주도하고 있다는 의미이다.

가장 절박한 안보환경 속의 한반도 ! 대한민국은 이제 더 이상 이런 상태로 방치해서는 위험하다. 획기적인 변혁이 요구되는 시점이다. 60% 이상의 선량한 국민이 위선을 바로잡지 않고 정치권이나 제도권, 시민단체에 그냥 맡겨서는 변혁을 기대할 수가 없다. 국가를 통수할 만한 배짱과 기개를 겸비한 인물이 없기 때문이다.

이 책 한 권에 담겨 있는 핵심 해결책을 주목해서 실천에 옮기면 반드시 국가안보를 소중하게 여기는 성숙한 자유민주주의 체제로 정착이 되리라 확신한다.

제1부에서는 북한 대량살상무기의 위협실태와 그들의 전략을 분석했고, 제2부에서는 북한을 중심으로 한 국제관계적 안보환경을 조망해 보았으며, 제3부에서는 구체적으로 해결하는 길을 단기적, 중 · 장기적으로 구분해서 제시해 보았다.

일부는 많이 들어 봄직한 해결책이고, 일부는 전혀 상상치도 못한 해결책이 될 수도 있다. 하지만 필자는 강조하고자 한다.

'북한이란 존재에게 평상심으로 상대해서 해결 될 수 있는 것은 아무것도 없다.'

이것은 지난 70여 년의 세월 속에서 체득한 소중한 산 경험이기 때문이다. 혹자들은 지금 북한은 변하고 있고, 변화를 원하고 있다며 과거와 달라진 북한을 강조하고 있다. 그것은 과거에 경험하지 못한 강력한 제재가 있기에 살아남으려는 꿈틀거림인 것이고 중국의 확실하고 든든한 배경은 여전하며, 굳이 있다면, 김정은 식으로의 공고한 체제 변화만 있을 뿐이지 북한은 전혀 변한 것이 없다.

'국가안보!' 너무 엄청나니까 내가 아니어도 누군가 알아서 해 주겠지 하며 애써 고개를 돌리려 하지 말고, 무서워만 하지 말고, 직접 나서야만 해결이 가능하다.

그동안 많은 지혜와 도움을 베풀어 주신 선후배 제현들에게 깊은 감사의 말씀을 올리면서 잠시나마 '북한 핵'이란 무거운 짐을 들어드리는 계기가 마련되기를 기대 합니다.

2018년 08월

정 진 호

제1부

북한의 비대칭 전력
- 대량살상 무기-

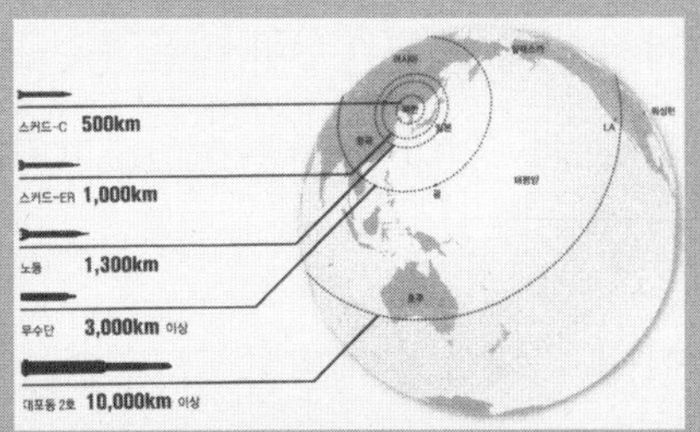

제1장
북한의 전략

개 요

북한이 대량살상무기 개발과 고도화에 목숨을 걸고 있는 것은 그들의 생명줄과도 같은 "체제수호"라는 대명제가 있기 때문이다.

이어서 국제사회에서 그 유래를 찾아볼 수 없는 3대 세습을 정착시켜서 남조선을 흡수한 다음 한반도에 "김 씨 일족의 왕조시대"를 구축하려는 원대한 꿈을 실현하고자 함이다.

이를 위해서 단계별로 그 수순을 밟아가고 있으며 이 과정에서 빚어지고 있는 북한 사회의 모든 악순환(기아와 아사, 탈북, 숙청 등)들은 곁가지에 불과하며 오직 목표 달성을 위한 수단이고 도구일 뿐이다.

북한이 이루고저 하는 단계별 전략을 보면,

첫째, 핵보유국 지위를 확보 하는 것이고

둘째, 남조선을 고립시켜 미국과 우호관계를 수립하는 것이다.

셋째, 중국과 러시아와는 대등한 지위관계를 확보하고

넷째, '일본 열도 공략'을 위한 대내외 환경을 조성하는 것이다.

핵보유국 지위 확보

이는 김정은 군사집단이 추구 하고자 하는 마지막 관문이다.

이 관문을 통과하게 되면 북한은 1차적으로 모든 문제가 해결 될 것으로 보고 있다.

첫째, 현재 핵보유국가인 미국, 중국, 러시아, 영국, 프랑스와 대등한 테이블에서 얼굴을 맞댈 수 있고 주거니 받거니 모든 협상이 가능해 진다.

둘째, 군사강국 반열에서 국제사회로부터 그렇게도 고대하든 체제세습에 대한 입지를 굳힐 수 있게 된다.

셋째, 지금까지 내려진 모든 제재(UN, 미국, 일본, EU 등)를 일시에 풀 수 있으며 국제사회의 당당한 일원이 될 수 있다.

넷째, 대량살상무기 개발 과정에서 피폐해진 국내정치, 경제 상황이 일거에 회복 가능해 짐으로써 체제안정에 일등공신이 될 수 있다.

이렇듯 요술방망이가 될 수 있는 이 과정을 위해서 험난한 여정을 걷고 있지만 현실의 벽은 높디높다.

이미 2017년 11월 21일 테러지원국가로 재지정 된바가 있고 (1987년 11월 29일 대한항공기 폭파 후 1988년 1월 1차 테러지원국 지정, 2008년 10월 영변 핵시설 냉각탑 폭파와 핵 검정에 합의한 후 2008년 10월 해제 했으나, 2017년 2월 말레이시아 공항에서

이복형 김정남 독살, 6월에 미국 대학생 웜비어 사망으로 2차 지정),

북한은 1985년 12월12일 NPT에 가입한 후, 1992년 IAEA (International Atomic Energy Agency: 국제원자력 기구)의 사찰에 반발해 1993년 3월 12일 NPT(Nuclear Nonproliferation Treaty: 핵확산 금지조약) 탈퇴를 한 후에 2017년 9월 3일까지 6차례의 핵실험을 하였다. NPT 규약 제10조 1항에는 "당사국의 비상사태 이유로 탈퇴를 할 수 있다"고 되어 있다. 그러나 사실상 일단 한번 가입하면 임의 탈퇴를 할 수 없도록 되어 있기 때문에 북한은 사실상 NPT 가입국으로 되어 있는 상태이며 이미 핵보유국 지위를 가진 국가로부터 핵물질을 제공 받는 혜택을 누린바가 있다. 따라서 핵보유국지위를 확보할 수 없으며 NPT 임의가입 국가로써만 인정받을 수밖에 없다. 그럼에도 불구하고 인도, 파키스탄, 이스라엘과 같은 핵보유국지위를 인정받으려 하지만 위 세 국가는 NPT에 가입한 적이 없고, UN안보리 제재를 받은 적도 없다.

아울러 위 세 국가는 미국과 우호관계를 유지하고 있으며 중국이나 러시아의 군사력 팽창을 견제하는 수단이 될 수도 있기에 사실상 핵보유국으로 인정받고 있는 것이다.

국제관계 흐름이 어떠하든, 북한의 목표는 뚜렷하다.

한시바삐 핵과 미사일을 고도화해서 국제 수준에 이르게 한 다음 미국과 협상을 통해 위 세 국가의 모델을 따르려고 한다.

미국과 우호관계로 유지 발전시켜 안심시킨 다음, 한반도를 종전선언을 하고, 이어서 정전협정에서 평화협정체제로 전환시킨 다음 주한미군을 철수시킨다는 계획이다. 그래서 한반도에서 군사력 우위를 확보하고 남조선을 맘대로 조정, 통제, 관리까지 하는 '무혈 공산화통일'을 해 보겠다는 야심찬 통일 방안을 가지고 있다.

남조선을 고립시켜 미국과 우호관계 수립

북한은 남조선에 보수(우파)정권이 사라지고 진보(좌파)정권이 들어서기만을 학수고대하고 있었다.

약 10년 동안 북한 스스로 자초한 큰 과오로 인해 대화의 문은 닫혔었고, 한국은 UN과 미국의 강공정책에 보조를 같이 함으로써 (사드 배치, 금강산관광 차단, 개성공단 폐쇄 등) 그동안 북한의 자금 줄 역할을 하던 통로가 막혀 버렸다.

갑자기 찾아온 진보정권의 출현에 반길 틈도 없이 먼저 남조선 진보정권에 대한 충성도 테스트에 들어가기 시작 했다. 미사일 발사 실험 11회, 그동안 핵실험 중에 가장 강력하고 완성단계의 핵실험 1회 등으로 본 떼를 보였다. 급기야 남조선 진보정권이 대화 제의의 손을 내밀어도 뿌리치고 남조선과의 대화통로 자체를 차단했었다. UN과 미국, 국제사회가 온갖 제재를 가해도 남조선 진보정권은 대화의 문을 항상 열어 놓고 있다며 여러 번 사인을 보냈지만 못들은 체 하며 이제는 아예 통미봉남(通美封南: 남조선과는 통로를 닫고 미국과만 열겠다)의 외교노선으로 급선회를 해버렸고, 한마디로 '남쪽은 게임의 대상이 아니다.'는 무시전략을 펼쳐왔었다.

다만 급할 때 언제든 불러서, 요모조모 이용 가치가 쏠쏠한 값어치를 할 수 있으니 다독여둘 필요가 있는 것으로는 보고 있다.

진보정권은 한 술 더 떠서 동북아에서, 특히 북한 대량살상무기 해체 및 실험 중단 등 외교노선에서 중국이나 북한을 상대로 '운전자'로써 역할을 다짐 했지만, 정녕 조수석에도 앉아 보질 못하고 주변만 맴돌고 있었다. 북한은 온갖 제재에도 불구하고 신이 났다. 한국이 허둥대고 있는 모습이 그저 즐겁기만 한 것이다. 중국에 '사드보복'을 당해도 속수무책이고, 미국과 한미동맹에도 금가는 소리가 들리고, 일본은 미일동맹에만 매달리고 한국과는 형식적인 대화관계만 유지 하는 모습이 국제사회에 그대로 비치고 있는 모습을 쉽게 읽을 수 있기 때문이다. 국제무대에서도 통치권자의 외교안보특보라는 사람이 마구 이중 플레이를 쏟아내며, 국방부장관과 엇박자를 내고 있고, 외교부장관은 중국과 3불 정책(사드 추가배치, 한미일 군사동맹, 미국 미사일 방어체계〈MD: Missile Defence〉편입 않겠다.)에 합의 하는 등, 북한은 그저 만면에 미소만 머금고 있으면 한국이 알아서 스스로 자충수를 두는 것이 싫지 않다는 속내를 나타내고 있었다. 이것이 바로 그동안 미사일 발사

실험과 핵실험을 한 것에 대한 반사이익이 이제 서서히 나타나고 있는 징조로 보고 이참에 조직폭력배 근성이 발동해서 고삐를 더 당겨 한국을 아주 궁지에 몰아 볼까 하는 생각을 하게 된다. 한국의 미숙한 외교안보정책에 쾌재를 부르며 흥미를 가지고 지켜보고 있다.

한국 통치권자는 국제무대에서 '한국 스스로 해야 할 힘이 없다.'고 했다. 이러한 손쉬운 정권을 게임 상대로 생각해서 국운이 걸린 중대사에 시간을 낭비할 가치가 없는 것으로 생각하고 북 · 미 대화에만 전력을 투구한 것이 북한의 실체였다.

이래저래 남북한 간의 대화와 교류의 통로는 멀어져만 가고 시간은 북한에게만 유리하게 흘러가도록 유도하고 있었다.

북한 입장에선 어떻게든 상황을 어렵고 꼬이게 만들 필요가 있고 남북관계에 온갖 불안감이 팽배하도록 만들어 한국의 국제관계 교류에 찬물을 끼얹을수록 유리한 대화국면을 조성할 수 있다. 남남갈등이 분분하여 사회 분위기를 흩으려 놓게 되면 통치 기반이 흔들리고 국정이 어수선하게 되어 곧 전쟁이 임박한 듯 공포 분위기를 만들 수 있고 한국의 국력을 어느 한 쪽으로 집중할 수 없게 된다. 이 모든 것이 북한의 욕구를 충족하는 대외전략에 많은 도움이 된다.

북한은 어차피 잃을 것이 없는 막다른 골목으로 들어가고 있기 때문이다.

이런 모습을 바라보는 미국 입장에선 갑갑하다.

한국의 내정에 깊숙이 관여할 수도 없고, 다양한 대화 채널을 통해 시그널(지금은 강력한 제재 국면이다. 북한 핵 선 폐기가 우선이지 실험중단이 우선이 아니다. 한미연합훈련은 미사일과 핵실험 중단과 아무런 연관이 없다. 사드 배치 역시 중국과 무관하다. 북한 선제타격에 코리아 패싱은 없다. 등)을 보내도 한국 내 여론은 더 많은 갈등을 빚고 있고 이를 통합할 의지도 없는 듯하다.

더욱이 한국 스스로 북한을 제재하는 수단을 강구하지 않는 모습에 실망을 금치 못하고 있다.

이를수록 미국 내 여론 또한 한국에 유리하게 돌아가지 않고 있으며, 하물며 한국의 외교장관을 빗대어 '타조처럼 머리를 모래에 파묻고 있다. : 맹수에 쫓기는 타조가 머리만 모래에 박고서는 이제 안전해 졌다고 여기는 것' 는 등 대외적 발언에 강수를 두고 있다.

CNN 앵커의 발언이지만, 예사롭지 않은 것이다. 미국과 일본 국민은 핵공격에 대비한 훈련과 대피 장비, 물자를 확보하는 등 부산한데 당사자인 한국은 한산하기 짝이 없다.

바로 북한이 바라는 바 모습이 전개되고 있는 것이 지금 한국 내 상황인지라 북한의 국가대전략 수립에 위기이자 기회의 장면이 연출되고 있는 것이다.

UN 사무차장이 북한을 다녀갔다.

북한은 미국과 핵전쟁이 벌어지면 패한다는 것을 잘 알고 있다.

미국 또한 승리 한다는 것은 알고 있지만, 미국도 심각한 피해를 본다는 것도 잘 알고 있다.

아울러 한국도 의지와 관계없이 전쟁의 화마에 끌려 들어가 끔직한 피해를 감수해야만 한다는 것도 잘 알고 있다.

한국의 통수권자는 '미국은 한국의 승인 없이 북한을 선제공격할 수 없다.'고 천명 했다. 이 말은 사실상 아무 의미 없는 것으로써 국민을 상대로 한 립 서비스에 불과하다. 북한의 행동이 미국의 '레드라인'을 넘어섰다고 판단되면 미국은 한국 입장과 무관하게 곧바로 행동에 옮길 수 있다. 이 또한 북한은 잘 알고 있다. 북한은 공식, 비공식, 물밑 대화 등 다양한 채널을 모두 동원해서 어떻게든 미국과 건설적인 대화를 모색해야만 할 필요성이 대두되고 있다.

서로에게 시간이 무작정 주어져 있는 것이 아니다.

북한의 국가전략 상, 모든 자존심 다 접고 고개를 숙이고 들어갈 공산이 크다. 이유는 간단하다. 동서 냉전체제가 무너지고 어쩌면 유일하게 생존하고 있는 것이 북한이고 보면, 냉전체제 이후 미국과 대립각을 세워 성공한 국가가 전무하다는 것을 너무나 잘 알고 있을 것이기 때문이다.

아울러 북한 편에 있다고 보는 중국과 러시아 역시 '제 코가 석자'

이다. 북한이 미국과 한판 승부를 겨루는데 끌려 들어가 국력을 소진할 만큼 그렇게 여유가 없다.

이제 겨우 경제력에 이어 군사력 굴기를 하려고 하는데 북한이 걸림돌이 되어 다시 1990년대 이전 수준으로 돌아간다는 것은 있을 수 없는 일이다.

따라서 북한은 '체제수호'를 보장 받는 선에서 모든 것을 내려놓는 대 결단을 해야만 미국과 우호관계를 수립할 수 있다.

이후 북한의 국가발전 단계는 노력하기 나름이고, 경우에 따라 엄청난 변화를 맞을 수도 있다. 주한미군 철수, 한반도 평화체제 구축 등, 이러한 북한의 대변혁이 눈앞에 보이는데, 한국의 안보 정책은 무슨 궁리를 하고 있을까. 어쨌든 한국은 현재의 국가시스템으로는 깊은 수렁으로 빠져들 수 있다. 즉 국민의 절반은 네 편이고 절반은 내편으로 만든 정치인들의 갈라치기에 무심결에 내몰려진 국민정서를 말한다. 진정 대통합의 위대한 정치는 할 수 없는가? 그때까지는 한미동맹이란 굳건한 국가안보체제를 재점검하는 수순에 시급히 들어가야만 한다.

중국 · 러시아와 대등한 지위관계 확보

북한이란, 중국과 러시아 입장에선 금싸라기와도 같은 전략적 요충지이다. 중국에게는 자유민주주의 국가와의 완충지대(Buffer

Zone)로서의 역할을 하고, 러시아에게는 부동항(不凍港)을 제공 받아 태평양으로 진출할 수 있는 교두보 역할을 할 수 있다. 지금 북한의 나진, 선봉이 바로 그렇다.

그 외에도 효용가치는 무궁무진하다. 중국은 동북3성의 경제 낙후지역인 훈춘에서 나진, 선봉까지 고속도로를 개통해서 군사목적항과 어업전진기지로 활용하고 있고, 뿐만 아니라 북한 내의 지하자원을 싹쓸이 하고 있다. 러시아는 블라디보스토크에서 나진, 선봉까지 열차를 개설해서 북한의 자원과 러시아의 에너지를 교환하고 이곳에서 쭉 한국과 아시아권까지 가스 송유관 개설을 꿈꾸고 있다. 부분적으로 자유민주주의 국가와의 완충지대로서 역할 또한 보탬이 되고 있다. 이러한 북한이 어떤 망나니짓을 해도 감싸들고 있고 UN에서의 방패막이 역할을 자임하고 있는 것이다.

이러다보니 북한 핵을 해결 한답시고 2003년 8월에 구성된 '6자회담'이 현재까지 아무런 성과 없이 지지부진하다. 의장국인 중국의 미온적 태도가 오늘날 북한의 핵무장을 도와준 꼴이 되고 말았다.

북한은 이들의 약점을 꿰차고 있다.

북한은 핵실험이나, 미사일 발사 실험이 국제사회에서 어떤 반향을 불러일으킬지 잘 알고 있으면서도 시침이 떼고 모른척하며 중국과 러시아가 알아서 처신하도록 내버려 두고 있다. 지금까지는 어떻게든 양국이 귀신같이 알아서 척척 해결해 주고 있다.

중국과 러시아의 속마음에는 북한이 계륵(鷄肋: 닭의 갈비-버리자니 아깝고 먹자니 먹을 게 없고)과 같아 보이지만 실제로는 요모조모에 요긴하게 활용될 수 있는 요술방망이 정도로 보고 있다.

중국과 러시아는 나름 대국이라 큰 그림을 그리면서 북한을 이용해 미국의 신경을 건드리고 양국의 위상을 높이는 역할을 한다.

북한의 SLBM(Submarine-Launched Ballistic Missile: 잠수함발사탄도미사일) 발사 실험은 은밀하게 러시아의 기술지원을 받았고, 이 실험이 성공됨으로서 미 본토까지 핵을 투발할 수 있는 수단을 갖추게 되어 미국은 보통 성가신 게 아니다.

그리고 각종 대량살상무기 실험을 할 때 마다 미국은 6자회담 의장국인 중국에게 어떤 역할을 해 달라고 매달린다.

이렇듯 북한은 최대한 도드라지는 일탈행위를 함으로써 일거삼득, 사득의 효과를 보고 있다. 중국에게는 무상원조지원을 떳떳하게 받아내고, 러시아에게는 에너지지원과 각종 군사과학기술을 받아내고 있다. 미국에게는 미, 북한 단독회담을 성사시켜 한국을 따돌리려는 수단으로 활용하고, 한국에는 남남갈등을 부추기는 역할과 각종 무상지원을 받아내는 수단으로 많은 재미를 보았다.

어떻든 북한은 보기에 따라 추잡스럽고, 독립국가로써의 자질이 부족한 듯하고, 그야말로 국제사회에서 악의 축(Axis of evil) 국가로 지정 받으면서도 일단 독특한 행위를 하고난 후에는 무엇이든 가시적으로 손에 쥐어져야만 성미가 풀리는 독특한 체질의 국가가 되었다. 게다가 최우방국인 중국과 러시아와의 관계에서 등거리 외교를 하며 양국을 쥐락펴락 하고 있다. 중국 시진핑 주석이 김정은을 만나주지 않고, 북한을 홀대하는 경향을 보이자 대국답지 못하고 좁쌀할멈 같다며 험담하고 곧바로 러시아에 대규모 사절단을 보내 관계발전을 모색하는 모습을 보였다. 곧이어 중국 외교사절이 북한을 방문해 상호 불신과 오해를 불식시키고 양국 간이 '혈맹관계'임을 천명하고 다시 우의를 다지는 일들이 전개 되었다.

북한은 중국과 러시아를 호구(虎口:상대를 만만하게 봄)로 생각하고 항상 '통 큰 지원'을 해 주길 바라고 있다.

이제 북한이 가야할 길은 명약관화해 졌다.

핵 및 미사일의 고도화와 핵보유국지위확보, 미국과 단독회담을 통한 북한 나름의 진심을 전달하고 미국의 이해를 수용하여 상호우호관계를 수립한다는 만만찮은 과제가 남아있다. 협상과정에서 중국과 러시아의 입김을 최대한 배제하고 북한 단독으로 국가이익을 쟁취하는 것이다.

이 장면에서 미국의 지도자나 안보정책 담당자는 '신의 한 수'가 떠오를 법도 하다.

북한을 지금 UN에서 통용되고 있는 북한의 국호(DPRK ; Democratic People's Republic of Korea ; 조선민주주의인민공화국)처럼 진정한 자유민주주의체제의 선봉에 내세우는 것이다.

북한이 요구하는 '체제수호'에 버금갈 수 있도록 이른바 '북한식 자유민주주의체제'를 수용해 보면 어떨까. 일단 체제는 유지하되 개혁개방을 유도하여 현재 '러시아식 체제(대통령 연임 가능)'로 변혁을 시키면 북한 역시 그렇게 섭섭하지 않을 것 같다. 따라서 핵은 잠정보유국으로 묵인을 하여 IAEA와 NPT에 제재와 감시를 받도록 하면 국제사회 역시 어느 정도 수용을 하지 않을까 싶다,

그러나 관련 당사국인 한국, 중국, 러시아, 일본의 반발이 거세질 것에 대비한 어떤 협약이 추가 되면 더욱 금상첨화가 될 것이다. 이른바 '4국 공동감시체제'를 만들어 현 수준에서 추가 실험이나 개발을 중단시키는 역할을 담당시키는 것이다.

이 정도 수준으로 마무리 되게 되면, 북한은 중국이나 러시아와 대등한 관계의 위상을 확보할 수가 있고, 국내적으로나 국제사회에서도 입지를 인정받을 수 있다. 다만, 개혁 개방과 김 씨 일가 주체사상과의 이념 충돌은 감안해야할 것이다.

일본열도 공략(攻略)

이 부분은 필자의 '일본열도 핵 공격'에서 한 번 다루었지만, 본서와 연관이 많아 주요 내용을 발췌하였다.

일본열도를 수중(手中)에 넣겠다는 원대한 꿈은 '김일성 시대'로

거슬러 올라간다.

김일성은 북한 정권 수립 전(前) 청년 시절에, 일본의 폭정을 피해 시베리아와 만주벌판에서 풍찬노숙(風餐露宿: 바람을 먹고 이슬에 잠잔다. – 객지에서 많은 고생을 겪음)을 하며 생활을 했다.

일본에 대한 남다른 감정이 뼈에 사무쳐 있다. 언젠가 집권을 하게 되면 반드시 일본에 본때(다시는 저지르지 아니하거나 교훈이 되도록 따끔한 맛을 보이다.)를 보여 줄 것이라는 깊은 다짐을 하고 있었다. 준비과정으로 첫째, 재일본 거류민단의 조직과 활동 지원, 둘째, 재일 동포 북송사업, 셋째, 일본인 납치, 넷째, 북한 내 일본 전문 학습소 운영 – 위 둘째, 셋째에서 우수한 자원을 선발해서 북한 내 우수 자원과 합동으로 일본인화 특수요원을 양성 하는 것이다. 그 과정에 아들 김정일이 태어났으며 김정일 자신은 일본에 대한 직접적인 경험은 없으나, 틈만 나면 되새기는 부친의 회한을 귀에 딱지가 끼일 정도로 들어서 완전히 세뇌가 되었다.

김정일은 한 수 더 나아가서 부친의 위 사업을 더욱 조직적으로 운영하고 특히 양성된 특수요원들을 여러 수단을 이용해서 일본 열도를 왕래하는 실전 같은 훈련을 진두지휘 했다. 김일성은 생시에 김정일의 이러한 모습을 대견하게 생각하고 후계자로 낙점하는데 결정적인 역할을 했다.

내친김에 김정일 자신도 일본에 대한 관심이 증폭되기 시작하면서 마침 재일 동포 출신 무용수 '고용희'에 대해 급 관심을 가지면서 두 번째 부인으로 삼았다.

여기에서 태어 난 둘째 아들이 '김정은'이다. 고용희와 정이 깊어지면서 자녀 셋을 두게 되고 고용희의 일본식 입맛을 고려해 일본인 전문 요리사 '후지모토 겐지'를 채용해 일식을 전담하도록 했다. 김일성은 김정일을 신뢰하면서부터 '체제상속'을 위한 단계를 밟아가기 시작 했다. 러시아와 중국을 방문할 때 마다 동행시키고, 지방 순시에도 동행하면서 대내외적인 감각을 익히는데 게을리 하지 않았다. 김정일은 부친으로부터 엄중하게 물려받은 게 있다. 체제유지와 대량살상무기(핵, 미사일, 화생무기) 개발에 관한 특급 과업이다. 체제유지를 위해서는 '선군정치'와 '견제인사'를 강조 했으며, 대량살상무기는 체제유지 목적 및 일본열도 공략을 위한 것으로써 특히 무슨 일이 벌어져도 대량살상무기 개발은 중단해서는 안된다. 는 점을 강조 했다. 충성스러운 김정일은 대량살상무기 개발과 시험을 통해서 핵을 개발 시켰고, 장거리 미사일 개발도 성공시켰다.

그 과정에 많은 재원이 필요 했으며, 수 십 년에 한 번 있을까 하는 가뭄과 대 홍수까지 겹쳐 북한 경제가 파산 지경에 이르게 되었고, 많은 아사자와 식량을 구하기 위한 국경 이탈자가 대거 발생하는 '고난의 행군'이 이어졌다. 급기야 '화폐개혁'을 통한 경제 난국을 타파하려고 시도했으나 이마져도 실패로 돌아가고 말았다.

이 와중에 남조선으로부터 정상회담이란 카드를 들고 나왔다.

하늘이 도와준 기회로 생각하고 회담을 성사시키는 대가로 현금과 물자(비료, 시멘트, 식량, 의약품 등)를 요구하여 대량살상무기 개발 자금으로 유용하게 사용하였으며, 더불어 개성공단과 금강산 관광을 개시하여 이 곳 이용 자금을 모두 현금으로 지불을 하게 함으로써 체제유지비용과 경제난에 다소 숨통을 틀 수 있었다.

어떻게 보면 북한이 위기에 직면할 때마다 남조선이 구세주로 등단하는 것이 마냥 싫지만 않았다.

어쨌든 김정일은 부친의 유업을 성공적으로 수행하고 있었고 중국과 러시아와의 관계도 순탄하게 돌아가게 되면서 마침 중국의 동북3성 개발계획의 일환인 "창-지-투 선도 구 계발계획" → "중국은 낙후된 동북 3성(랴오닝성, 지린성, 헤이룽장성)을 부흥시키기 위해 야심찬 '창지투(長吉圖. 창춘-지린-투먼) 선도 구 계발계획'을 추진하고 있다. 중국 정부는 이 계획을 2015년 11월 국가사업으로 승인했으며 향후 2020년까지 2800위안(49조 3200억)을 쏟아 붇기로 했다. 베이징 외교가에서는 북한이 동북3성 부흥의 핵심인 '동해 출항권'과 개혁개방을 약속한 대신 대규모 경제원조와 투자유치를 얻는 '빅딜'이 이뤄졌을 것이라는 관측이 나오고 있다. 현재 100개에 달하는 창지투 사업 가운데 북한과 관련한 도로와 철도 등 교통망 확충 사업이 8개에 달하며 투입 규모도 140억 위안(2조 4100억원)으로 추산 된다."

김정일은 중국에게 '동해 출항권(나진, 선봉)'과 '군사 목적 항(?)' 기지를 약속했고, 대신 대규모 파격적인 경제원조와 투자를 유치해서 낙후된 '인프라'구축과 신 압록강대교 건설, 위화도 임대기간

연장, 황금평 개발 등을 통해 경제에 활력을 불어넣은 다음, 점진적으로 개방을 확대해서 북조선식 시장경제, 즉 중앙정부 주도의 경제에 국외 투자 유치 및 세제지원, 인민들에게 사유재산 보장(토지는 제외) 등, 금융활동의 개방을 시도해 보려고 했다. 사실 이미 중국은 태평양으로 진출을 위한 원대한 꿈속에 나진 · 선봉으로의 진출이라는 4단계 전략이 있었다. 즉 ① 준비단계(1985~89년)로서 투먼–훈춘 도로 · 철로 건설, 훈춘에 변경 무역 구 개발 ② 개발단계(1990~93년)로서 유엔개발계획(UNDP)이 향후 30년간 훈춘지역에 항구와 공항 등 인프라 건설 합의 ③ 성숙단계(1994~2000년)로서 대북 교류 4개 세관 설치, 대북 해운 개통 ④ 굴기단계(2001년~ 현재)로서 창춘~옌지~투먼 개발계획 확정, 옌지~투먼 고속철 착공, 나진 · 선봉 특구 중국 국영기업 독자개발 착수 등 중국의 전략대로 모든 것이 착착 진행되고 있다. 그럼에도 불구하고 김정일은 생시에 늘 중국에 대해 상당한 불만을 가지고 있었다. 무상원조(식량, 연료, 생필품의 국내 소요 70% 이상)를 받고 있으나, 보다 통 큰 지원을 희망하고 있었다. 그래서 중국과의 관계 유지에 있어서 '군사력 유지 및 건설'에 관한 한 독자 노선을 걷고 있었다.

즉 핵 및 장사정포 개발 및 실험, 국지전(천안함, 연평도) 등은 그에 단독 의지로서, 중국은 항상 실행 후 알게 되어 있었다.

이에 대해 불만의 여지가 있겠지만, 양국 간에는 상호 내정불간섭원칙이란 것이 있다. 김정은은 평소 이 모든 것을 뚜렷이 지켜보고 머릿속 깊이 새기고 있었다.

그동안 짧은 기간이지만 선친(김정일)의 불꽃같은 야망을 가장 가까운 곳에서 같이 불 태워 왔고, 선친이 주문을 외듯 엄중하게 당부한 지상목표를 너무나 잘 기억하고 있다.

그것은 **체제유지와 일본열도 공략**이다. 첫째, 체제유지를 위해서는 핵 및 미사일 개발에 박차를 가하고, 국정운영은 표면으로는 **선당(先黨) 무게는 선군(先軍)정치로서** 견제형 조직관리를 하는 것이며, 경제 재건을 위해서는 북조선 식 개방형 경제를 서서히 도입하는 것이다. 둘째, '일본 열도 공략' 과업 달성을 위해서는 조-중, 러, 미, 남조선, UN과의 각각 특화된 외교 전략을 취하고, 특히 대일본전략은 이미 잘 구축되어 있는 일본 내의 北 네트워크를 수시로 재정비 강화하고, 항상 공세적 대일 우위 전략을 전개하라는 것이다. 김정은은 선친의 유훈을 법통으로 삼아 나름의 통치를 하고 있었다. 특별히 선친 생시에 군부대 시찰 동행과 이미 구축 해 둔 중앙 군부 진영이 모두 충성을 맹세함으로서 모든 것이 순조롭게 자리 잡게 된 것을 큰 위안으로 삼았고, 장성택(고모부, 국방위 부위원장)의 군부와 당을 넘나드는 신기에 가까운 묘책과 묘기, 김경희(고모, 당 조직부장)의 조용한 조직 지도능력에 감탄을 금치 못하면서 국정에 안정을 도모하고 있었다. 선친 사후 처음으로 장성택, 김경희와 함께 조촐하게 만찬을 하면서 지금까지 숨 가쁘게 달려온 국정운영에 대해 잠시 회고하는 시간을 가지기도 했다.

이어서 김정은은 그동안 선친으로부터 물려받은 곳간(재정 상태)을 재정비하고 이를 더욱 다지는 과업을 추진하기로 하고 파악에 들어갔다. 예상외로 곳간이 많이 비어 있고, 이를 고모부 장성택이 모두 장악하고 있다는 것을 알게 되었다.

당시 고모부는 중국과 밀접하게 접촉하면서 황금평 개발을 추진 중이었고, 이 사업이 북한 경제발전에 큰 디딤돌이 될 것이라면서 확신에 차 있었다. 고모부를 통하지 않고는 전체적인 경제상황을 알 수 없었고 하나에 철옹성이 쌓아져 있음을 알게 되었다.

국가안전보위부장(김원홍)을 불러서 은밀하게 내사를 하도록 했다.

불과 십여 일 만에 청천벽력과도 같은 보고를 접수하게 되었다. 우선 북한 지도세력의 대부분이 고모부 사람이라는데 놀랐고, 특히 대내외 경제일꾼 대부분이 고모부 사람으로 이루어져 있다는 사실은 경악을 감출 수 없었다. 더욱이 중국과 내밀하게 연계해서 지금 해외에서 떠돌고 있는 이복형 김정남으로 체제수호를 이어가겠다는 은밀한 거래가 있다는 정보에 놀람을 금할 수 없었으며, 이로써 자신에게 북한 경제사정이 보고되지 않은 이유를 알게 되었다. 보위부장은 보고를 마치고 김정은의 눈치만 살피고 있었다. 어떤 하명을 기다리는 비장한 자세가 풍기고 있었다. 김정은은 잠시 어떤 감정이 동시에 교차되기 시작했다. 외국 유학을 마치고 돌아 왔을 때 선친 김정일은 무척 반가워하는데 고모부 김경희와 장성택은 무언가 확 와 닿지 않은 묘한 감정을 어린 나이지만 읽을 수 있는 순간이 있었다. 당시 이복형 김정철을 무척 애지중지 했다는 얘기를 여러 사람들을 통해 알게 되었다. 어쨌든 결과적으로 실권은 김정은에게 넘어 왔지만 모르는 것이 너무 많아 바짝 달라붙어 하나

하나 깨우치려고 했고, 선친 생시에 장성택을 잘 관리하라는 말과 함께 네가 완벽하게 실권을 휘두를 수 있을 때 까지는 어설프게 건드리지 말라는 당부 까지 들은 적이 있다. 조금 이른듯하나 이제는 맞붙을 자신이 있다는 느낌이 들었다.

김정은이 입을 열었다. 어떻게 하면 되겠소? 보위부장은 기다렸다는 듯이 '즉각 제거를 해야 합니다. 더 이상 두었다가는 체제에 위기를 맞을 수도 있습니다.' 다만 한 가지 감수해야만 하는 것이 있습니다. 중국의 반발이 강하게 나올 수 있습니다. 김정은이 약간 이성을 잃는 듯 했지만, 곧이어 신속하게 처형 하시오. 고모 김경희에게 의사 타진이나 아무런 기별 없이 곧 바로 처형을 단행했다. 김정은의 젊은 패기와 용단이 돋보인 한판 승부였다. 김정은은 매사에 자신감이 넘쳐나기 시작했다. 내친김에 그 동조 세력을 모두 처형하고, 이어서 군부 장악을 위하여 인민무력부장 현영철도 군부 주도 경제 장악 과정에서의 부정과 군부 주도의 경제 과업이 신통찮은데 대한 책임을 물어 공개적으로 자주포에 의한 잔인한 처형을 단행하여 북한 전역을 공포정치의 도가니로 몰아넣었다. 군부대 방문 횟수를 증가 시키고 충성 서약을 받는 등 명령만 내리면 곧장 전쟁에 돌입할 수 있는 체제를 갖추도록 주문했다. 중국의 거센 반발로 북한 경제에 어려움은 닥치겠지만 곧바로 응수 하지 말고 서서히 대화로 풀어 가기로 하고, 대신 러시아와 관계 폭을 넓히도록 하였다.

곧이어 견제 형 국정 운영을 위해 당 중심 인사들을 요직에 등용하면서 그 만의 제1차 비선 라인까지 구축해 두었다. 내친김에 이제 홀로서기의 모습을 전체 인민에게 과시하기로 했다. 먼저 지도자의 당당한 위풍을 보여 주기 위해 군부대 방문, 인민경제 현장 방문과 현지 지도 소식, 평양 순안 공항에 김일성 초상화 제거 등 정국을 몸소 헤쳐 나가는 그림을 인민들에게 널리 홍보하기도 했다.

서서히 본인이 성큼 더 성숙해 졌음을 깨닫게 되고, 국정 운영에 더 강한 세몰이를 결심했다. 러시아의 전승절 행사 참석 초청이 왔다. 주재 대사를 통해 일등 국빈 예우를 요구하는 등 물 밑 대화를 했지만 중국 시진핑 주석이 참석 하는 등, 그 요청을 들어 줄 수 없다 하자 방문을 취소하기도 했다. 이렇듯 선대로부터 이어오는 자존심은 어떠한 경우에라도 꺾지 않는다는 대원칙을 견지한 셈이다. 남조선과의 관계를 이대로 묶어 둘 수 없다고 판단해서 대화의 시작을 은밀한 사건을 일으켜 남조선이 굴복해 들어오는 방법을 시도해 보기로 했다. 김영철 정찰총국장을 불러 그동안 뜸했던 남조선 육상타격을 주문했다. 김영철은 지금까지 한 번도 시도하지 않은 DMZ 내에서의 지뢰 폭발을 가장한 남조선 타격을 제안 했다. 김정은은 지난해 전면전쟁을 대비해서 가장 아끼던 심복 김상룡 중장을 제 2군단장으로 보낸바 있다. 2군단 지역은 한국전쟁 당시에도 북한군의 남침 주력부대로써 서울을 3일 만에 점령하게 한 최정예 군단으로 정평 나 있다. 김상룡에게 임무를 주라고 했다. 결과는 성공적이었지만 후속되는 상황이 북한에 아주 불리하게 작용이 되자 북한은 당황하기 시작 했다. 남조선이 확성기 방송을 전면 재개할 줄을 꿈에도 생각하지 못했는데 좋지 않은 방향으로 국면이 흘러가자, 김양건과 황병서를 동원해서 '유감'이라는 정말하기 싫은 사과를 표명하고 일단락을 지었다. 남조선의 확성기 방송을 예측하지 못한 군부 실세에 대한 문책이 예상된다. 이어서 중국으로부터 '항일전쟁 전승 70주년 열병행사'에 참석해 달라는 초청을 받았다. 몇 번 시진핑 주석과의 대화를 하고 싶었지만 상호 자존심 때문에 번번이 실패를 했고 이번에는 꼭 참석 해 볼 계획이었으나 역시 최고 국빈대우를 해 달라는 요청에 중국이 거절함으로써 최룡해를 대신 보내는 결과를 낳았다. 지금 중국과는 상당히 싸늘한 관계가 지속되고 있다. 대신 러시아와 새로운 관계가 진전되어 중국으로부터 일부 무상지원에 제한을 받던 에너지 문제가 러시아에서 해결을 보게 됨으로써 이참에 러시아의 '나진-선봉 특별자치구 개발' 참여를 확대해 줌으로써 개발에 활력을 찾게 되었고 중국을 견제하는 이중 플레이가 가능해 졌다. 중국은 지금 북한을 길들이고 있다. 하지만 북한은 이미 눈치를 채 버렸다. 북한은 중국이 어떠한 경우라도 북한의 손을 놓지 않는다는 것을 잘 알고 있기 때문에 자꾸만 몽니를 부리고 있는 것이다. 김정은은 본인이 무슨 행위를 해도 궁극적으로 중국은 내편이다. 라는 것을 염두에 두고 있다. 김정은은 머리가 아프다. 갖은 방법과 지혜를 다 동원해도 인민경제가 나아질 기미가 보이지 않는다. 경제 엘리트 일꾼들도 무언가 열성적으로 움직이지만 성과물을 가져 오지 못하고 있다. 그 원인이 UN의 제재와 남조선의 5.24 조치(2010년 3월 26일 천안함 폭침사건으로 5월 24일 이명박 정부에서 교역 중단, 대북 신규 투자 금지 등)가 가로막고 있음을 알게 되었지만 뾰족한 방법을 모색하지 못하고 있다. 체제유지를 위해서 핵과 미사일은 절대 포기할 수 없고, 천안함 사건에 대한 책임 자인과 금강산 민간인 피살 사건에 대한 사과 역시 인정 하는 순간 전체 인민들에게 선포한 위선이 탈로 나게 됨으로써 김정은의 권능에 심대한 손상을 입게 되어 있다. 해결의 실마리를 찾기가 쉽지 않음을 잘 알고 있다. 어떤 활로를 개척할 필요성을 느끼게 되면서 경제문호개방과 인민경제 시스템 개혁, 군수공장 방문, 이란으로부터 석유 수입 거래 협정을 통한 유류확보에 다변화, 쿠바 부총리 일행을 초청하여 김정은의 정상외교를 부각시키면서 국제사회에서 아직 북한이 살아 있음을 노출시키는 등 변화를 거듭 했고, 최근에는 선친 생시에 군사전략의 한 수단으로 채택한 사이버전 강화를 위해 매년 김일성대학에서 천여 명을 대상으로 컴퓨터교육을 하면서 이 중에서 우수자를 선발하여 총참모부 정찰국 산하 사이버 부대로 특채시켜 6천여 명에 이르는 정예 사이버전 전사를 양성해 두었다. 이들에게 특별히 해킹 기술을 전문적으로 교육하여 일본과 남조선 주요 기관에 대한 정보를 입수함은 물론 신종 기법으로 일본과 남조선 사회에 만연하고 있는 불법 도박 프로그램을 제작하여 매년 50만 달러 이상을 빼돌리고 홍콩, 마카오 등 도박이 성행하는 곳 어디에든 침투해서 매년 3천억 원에 달하는 수익을 올리기도 했으며, 최근 보안망이 허술한 비트 코인 거래 시장에 침투해서 짭잘한 수입을 올리고 있다. 이렇듯 돈이 되는 마당이 있으면 물불 가리지 않고 전력을 투사했지만 벌어들이는 것에 비해 쓸 곳이 너무 많아 국정운영은 전반적으로 녹록치 않았다. 한편에서 날로 극심해 지고 있는 경제난에 가뭄과 홍수까지 덮치면서 더욱 어렵게 되고 국제사회에 손길을 뻗어 보았지만 예전 같지 않게 냉랭하기만 하다. 오히려 곳곳에서 벌어지는 민란과 국경선 이탈, 군무이탈, 각종 유언비어의 난무 등, 흉흉해 지는 민심 이반현상을 잠재울 방도가 떠오르지 않아 깊은 고민에 빠져 있었다.

김정은 군사집단의 일본열도 공략 배경을 요약하면 이렇다.

- 국제사회가 특히 일본이 북조선 보기를 우습게 보는 경향이 있고, 지금의 경제력으로 일본을 향한 전쟁은 엄두도 낼 수 없을 것이라는 안이한 생각과, 일본 스스로 자국의 경제력을 바탕으로 한 '고도의 조기경보 시스템'만 갖추면 선제타격으로 얼마든지 도발에 대비할 수 있다는 자신감에 차 있다는 정통한 소식이 접수되었다.
- 국내 경제 사정이 북한 정권 수립 후 최악의 상황에 직면해 있다는 경제 전문가들의 솔직한 보고가 있고, 더욱 고통스러운 것은 향후 2~3년 이내에 북한 자력으로 나아질 전망이 불투명하다는 점이다.
- 설상가상으로 중국과 러시아까지 자국 내 사정이 좋지 않아 더

이상 무상원조가 어렵다는 전언이 왔고, 국제연합 식량농업기구(FAO:Food and Agriculture Organization)에서도 전쟁 피난민 구조와 내전으로 인한 난민 구조에 주력하다보면 북한에 대한 인도적 차원의 지원 규모가 대폭 삭감이 불가피하다는 전망을 해 주었다.

- UN과 미국 그리고 국제사회의 제재 강도가 북한의 운신 폭을 대폭 옥죄게 됨으로써 해외 외화벌이는 물론이고 국외 주재 외교관들의 공식 활동까지 위축이 되어 자금줄 통로가 차단되는 지경에 이르렀다.
- 그동안 대량살상무기(핵, 미사일, 화생무기) 개발은 완전무결한 상태가 되었으며, 특히 핵무기 소형화에 성공과 대륙간탄도미사일(ICBM: Intercontinental Ballistic Missile)과 잠수함발사탄도미사일(SLBM: Submarine Lauanched Ballistic Missile) 개발과 실험에 성공 했고 특히 전자기파 탄(EMP: Electromagnetic pulse Bomb)의 개발에 성공하여 실전 배치를 하게 됨으로써 우리의 의지를 노골적으로 표현할 수 있게 되었다.
- 특수전부대의 양성, 특히 '일본인화 특수전문요원의 양성'과 현지 적응훈련의 완성은 '기습전쟁의 성공'을 담보할 수 있는 요소가 되었다. 무엇보다 수송수단(잠수정)의 대량 확보로 동시에 다발로 결정적인 곳에 침투시킬 수 있는 역량을 확보하게 되었다.

- 우방인 중국과 러시아는 국경 인접국가에서의 전쟁을 용인 하지 않겠지만 막상 전쟁이 일어나면 분명히 적극적으로 개입할 것이라는 황병서의 평소 지론과 군부 핫라인 정보가 뒷받침 되었다.
- 미국과 남조선은 전쟁 발발과 동시에 동원령이 선포 되겠지만, UN주재 우리 대사의 물밑 교섭으로 곧바로 진정 상태로 전환될 것이다. 즉 미 본토와 주일/주 남조선 미군과 조선반도 남쪽에는 실제 군사력의 움직임이 없다면 핵 투발을 하지 않을 것이다. 라는 확신을 심어 주었기 때문이다.
- 특별히 방점(傍點)을 둔 것은 최소전쟁 경비로써 최대의 전쟁 결과를 획득할 수 있다는 확고한 전승 의지가 결심하는데 크게 작용했다.

이 모든 기간은 짧고, 강력하게 그리고 신중에 신중을 다하면서, 국정운영을 다시 선군(先軍)으로 전환하여 '전략 로켓사령부와 특수전부대 중심'으로 유능한 장령들을 포진시키기 시작했다.

그 완료 시점은 '3대 혁명역량: 북한 내 혁명 역량, 일본 내 혁명 역량, 국제적 혁명 역량)'이 최고조에 달한 시점을 보고 중대 결단을 하려고 한다.

김정은의 의지로 지략과 용단을 총 동원해서, 국제사회의 도움 없이 오직 북조선의 힘으로만 이 어려운 난국을 타파하여 지금의 북조선이 살아남을 수 있도록 그동안 은밀히 갈고 닦은 비장의 카드를 사용하는 것이다. 즉 일본열도를 수중(手中)에 넣은 다음 북조선 식 사회주의 국가를 건설하여 북조선의 위성국가로 시스템을 전환하고 기존의 일본식 시장경제 모델을 지속해서 나간다는 것이다.

북조선은 서서히 일본의 경제체제에 융합이 되도록 할 것이다.

반면에 남조선은 협상을 통해 북조선과 문호를 개방하고 북조선의 발전 속도에 따라 병합시킨 다음 '조선반도 통일 시대'를 펼쳐나가겠다는 야심찬 계획을 가지고 있다.

아울러 미국은 남조선/주일 미군의 주둔을 미국이 원하는 방향대로 용인해 나가면서 '조 · 미(朝美) 우호의 시대'를 열어 나가겠다는 의지를 전달하려고 한다. 여기에 중국과 러시아의 강력한 반대가 뒤따르겠으나 '동북아 평화의시대' 서막이 바로 이러한 모습이며 미국 · 중국 · 러시아가 서로 윈윈하는 것이 라는 것을 이해시키고 관용으로 받아드려 줄 것을 당부 할 것이다.

제2장
북한의 비대칭전력(대량살상무기) 수준

북한이 보유하고 있는 대량살상무기의 수준은 어느 정도일까?

참고로 국가별 핵 보유 현황을 보면,

러시아 : 6850 발, 미국 : 6550 발, 프랑스 : 300 발,

중국 : 280 발, 영국 : 215 발, 파키스탄 : 145 발,

인도 : 135 발. 이스라엘 : 80 발, 북한 : 65 발

혹자는 생 · 화학무기의 경우 실전에 투입할 정도로 완성단계에 있으나 핵과 미사일은 실전에 배치할 정도는 아니라고 한다. 즉 '레드라인'에 이르지 못했다고 평가하고 있으며 국군통수권자는 '레드라인'이 무엇이냐는 질문에 미사일에 핵탄두를 장착해서 투발할 수 있는 상태라고 했다. 아직까지는 '뻥'이라는 말로 대신했다.

뿐만 아니라 북한의 ICBM(Intercontinental Ballistic Missile: 대륙간탄도미사일)은 미국을 겨냥한 것이지 한반도용이 아니라고

도 했다. 더 나아가서 북한의 대량살상무기 개발과 실험은 북한체제를 위한 자위수단이란 말과 함께 폐기보다는 동결, 선제타격보다는 대화와 타협을 강조하고 있다.

다른 한 편에서는 전혀 상반된 논리를 전개하고 있다.

북한의 대량살상무기는 이미 완성단계에 도달 했으며, 핵무기는 20여 발을 보유하고 있고, 특히 20kt에 이르는 위력의 실험을 6차 핵실험에서 이미 성공하였다고 보고 있다. 지금은 고도화된 소형화 개발에 박차를 가하고 있다고 했다. 미사일은 미국 본토와 EU 지역에 이를 정도로 개발에 성공 했으며 지금은 SLBM(Submarine Launching Ballistic Missile: 수중발사미사일) 개발이 성공 단계에 있는 것으로 보고 있다.

미국과 일본 역시 후자가 판단하고 있는 수준을 인정하고 있다.

상대국가의 군사력을 과대평가할 필요는 없지만, 과소평가하거나 애써 외면할 필요는 더욱 없다.

나타나는 현상을 그대로 볼 필요가 있으며, "적국의 군사력 증강은 전선을 맞대고 있는 당사국에게 위협이 되는 것이지 그것을 외부로 돌리는 것은 위험천만한 것으로써 국가안보를 위태롭게 하여 자국의 군사력 건설에 치명타를 줄 수 있다."

공개적으로 나타나 있는 북한의 수준을 보면,

최근 미 과학자연맹 산하 핵 정보계획의 한스 크리스텐슨 국장과 로버트 노리스 연구원의 핵과학자 회보(The Bulletin of Atomic Scientists) 1호에 낸 "2018년 북한 핵능력 평가"라는 제목의 보고서에서 **북한은 현재 10~20개 핵탄두를 보유하고 있고, 30~60개를 제조 가능하다고 밝혔다.**

아울러 완벽한 핵무기 운용 능력 입증은 시간문제이고 1~2년 후면 입증될 것으로 예측하였다.

또한 이들은 북한은 **2017년 말 기준으로 20~40kg의 풀루토늄과 250~500kg(NTI : 핵 위협 방지기구 : 600~1000kg)의 고농축우라늄을 보유하고 있으며 이는 16~32개의 핵무기 제조 가능 양으로써 북한은 연간 6~7개의 핵폭탄을 생산할 수 있는 능력을 보유하고 있는 것으로 추정하였다. ← 무기 1기당 필요한 풀루토늄은** 3KG 가정

관련 연구기관의 또 다른 평가 수준을 보면,

(독일 오코 연구소〈Oko-Institut〉 추정)

북한은, 매년 1870 기의 원심분리기로 300kg 이상 HEU(고농축 우라늄 : High Enriched Uranium)생산이 가능하며, 2020년까지 1650kg을 생산 가능하다고 한다. 자연 손실 율 30%를 감안하드라도, 핵탄두 20kt 1발 생산에 9kg 들어간다고 보면, 128발이 생산 가능하다. 결국 북한은 이미 생산된 핵탄두 20발을 포함해서

140~150발을 보유하게 되어 세계 6위의 핵 강국이 될 수 있다.

북한의 핵전략 변화 과정을 보면,

(통일연구원 김보미 박사의 발표를 인용한 중앙일보 김민석 기자의 기사)

① 개발 초기에는 경제성장과 체제 생존에 맞추어져 있었고,

② 2017년에는, 촉매전략으로써 중국 등 제3국을 끌어들여 위기를 모면하는 전략이 성공 했으며,

③ 현재의 수준은, 인도와 파키스탄을 모방한 **확정파괴전략**을 기반으로 하는 **최소억제전략**을 취하고 있다.

④ 조만간 공세적 핵전략을 추진하여 신흥 핵보유국으로의 지위를 확보할 것으로 보고 있다.

▶ **확정파괴전략** : 적국의 핵무기 선제공격을 단념시키기 위한 것으로 적이 핵공격을 가할 경우, 남아 있는 핵전력으로 상대편을 전멸시키는 보복전략

▶ **최소억제전략** : 침략 의도를 가진 국가에게 침략으로 얻는 이익 보다 그 이상의 손해를 받게 될 것임을 인식시킴으로써 침략 의도를 단념케 하여 전쟁을 미연에 방지하는 전략

■ 북한 핵 시설 위치(미 국방정보국〈DIA〉 자료)
(Defense Intelligence Agency)

가. 영덕동 : 핵 폭발 실험 시설(함경북도)
나. 태천 : 원자로/경수로(〃)
다. 천마산 : 우라늄 농축/핵시설(〃)
라. 금창리 : 〃 (〃)
마. 박천 : 〃 (〃)
사. 하갑 : 〃 (〃)
아. 함흥 : 〃 (함경남도)
자. 금천지구 : 우라늄 농축/핵시설(〃)
차. 강성(선) : 〃 (평안남도)
카. 금호지구 : 원자로/경수로(함경남도)
타. 평양 : 〃 (평안남도)
파. 풍계리 : 핵폭발실험(함경북도 길주)
하. 영변 : 핵재처리시설 포함 모든 시설(평안북도)
거. 영저리 : 우라늄 농축/핵시설(양강도)

또 한 사람, 미 중앙정보국(CIA: Central Intelligence Agency) 국장 마이크 폼페이오(후일 국무장관)는 "북한이 미사일로 미국 본토를 타격할 능력을 갖추는데 까지 몇 달 밖에 남지 않았다."고 했다. 북한이 평창 동계올림픽 참가 등 평화공세 속에서도 북 핵 위기의 본질은 변하지 않았다는 것이다.

따라서 미 CIA는 '비밀작전'을 확대하고 있다면서 2017년 5월 '코리아 임무센터'를 만들어 북한에 대한 정보수집부터 군사 옵션까지 다양한 해법을 연구하고 있다고 했다.

다음 내용은 2017 국방백서와 '한국국방연구원' 발행 '동북아 군사력과 전략동향 2015~2016'에 수록된 내용임을 밝힌다.

아울러 위 두 기관 또한 다양한 출처를 통해 나타나 있는 현황을 인용하여 제시하고 있다. 예를 들어서, Military Balance: IISS. 2015. LONDON / IHS Janes's Defence & Security and Analysis: 2013 등이다.

• 탄도 미사일

1. 북한 탄도미사일 현황

가. SRBM(Short Range Ballistic Missile
: 단거리탄도미사일)

· KN-O2(독사) - 사거리 220km,
탄두중량 250~500kg ← 실전배치/고체로켓

· Scud B(화성5) - 사거리 300km,
탄두중량 1,000kg ← 작전배치/액체로켓

· Scud C(화성6) - 사거리 500km,
탄두중량 700kg ← 작전배치/ 액체로켓

· Scud ER/D - 사거리 700~1,000km,
탄두중량 750kg ← 실전배치/ 액체로켓

나. MRBM(Medium Range Ballistic Missile)

: 준 중거리 탄도미사일(노동) – 사거리 1,300km,

탄두중량 700kg ← 작전배치/액체로켓

다. IRBM(Intermediate Range Ballistic Missile)

: 중거리 탄도미사일(무수단) – 사거리 3,000km,

탄두중량 650kg ← 작전배치/액체로켓

라. MRBM("나"와 동일)

: 준 중거리 탄도미사일(대포동1), 사거리 2,500km,

탄두중량 500kg ← 실전 배치/액체로켓

마. ICBM(Intercontinental Ballistic Missile)

: 대륙간 탄도미사일(대포동2), 사거리 10,000km,

탄두중량 650~1,000kg ← 개발 중/고체 또는 액체로켓

바. ICBM("마"와 동일)

: 대륙간탄도미사일(KN–8), 사거리 5,000~6,000km,

탄두중량(미정) ← 개발 중/고체 또는 액체로켓

■ 보유량 : · 한국 추정: Scud 계열(400기), 노동(450기), 대포동(15기 수준 제작 능력)

· 미국 추정: Scud 계열 (600+기), 노동 (200+기), 무수단 (75~150기), KN–08 (2~6기)

사. SLBM(Submarine Launched Ballistic Missile)

: 잠수함 발사탄도미사일 – 사거리 1,000~2,000km,

잠수함 제원 → 배수량 1,500톤 신포급/ 모항 : 함경남도 신포

2. 북한 미사일 생산 관련 시설

가. 26호 공장: 소재지(자강도 강계시 강계)

← 로켓 및 미사일 관련 부품 생산

나. 38호 공장: 소재지(자강도 강계시 휘천)

다. 81호 공장: 소재지(자강도 성간군)

라. 125호 공장: 소재지(평양시 중계동

← 로켓 및 미사일 조립 (북한 핵심 시설)

마. 301호 공장: 소재지(평안북도 대관군 대관읍)

바. 잠진 탄약 공장: 소재지(남포시 천리마구역 잠진리)

← 미사일 몸체 및 추진 장치 생산

사. 동해 약전 공장: 소재지(함경북도 청진시)

아. 입불동 미사일 공장: 소재지(평양시)

자. 118호 기계공장: 소재지(평안남도 개천군 가감리)

← 로켓 및 발사체 엔진 공장

차. 금성 트랙터 공장: 소재지(남포시 강서구역)

← 각종 자주포 궤도장치 및 주행 장치 생산

카. 만경대 약전 공장: 소재지(평양시 만경대구역)

← 탄두 및 폭약 제조

타. 만경대 보석 가공 공장 : 소재지(평양시 만경대구역)

← 각종 조준경, 유도장치, 레이저 탐지기 생산)

파. 평양 반도체 공장: 소재지(평양시)

하. 승리 자동차 공장: 소재지(평안남도 덕천사 덕천)

거. 기계공장(명칭 미상): 소재지(평안북도 의주군 덕현

너. 함흥 미사일 생산 시설

■ 북한 탄도 미사일 개발체계 :

제2자연과학원 산하 공학연구소에서 담당

생산은, 총참모부에서 소요 제기 → 국방위원회 경유

당 중앙군사위원회로 요청 → 당 중앙군사위원회 지시.

제2경제위원회 4기계총국의 통제 하에 군수공장에서 생산

■ 시제품 시험 발사

· 장거리탄도미사일 → 무수단리와 동창리

· 기타 탄도미사일 → 동해안 사부진과 깃대령

3. 북한 탄도미사일 기지 현황

가. 자강도 2곳 : 중강읍(중강군)/용림읍(용림군)

나. 양강도: 영저리(김형직군)

다. 평안북도 3곳: 백운리(구성군)/신오리(정주군)/동창리(철산군)

라. 평안남도 2곳: 강감찬산(중산군)/양덕군

마. 평양시 3곳: 오류리/상원군/중화군

바. 황해북도 2곳: 터골(평산군)/삭갓몰

사. 함경북도 6곳: 무수단리(화대군)/검덕산(화대군)/노동(화대군)/후천(경성군)/명천군/용오동

아. 함경남도 3곳: 상남리(허천군)/덕성군/마양도(신포시 마양리)

자. 강원도 4곳: 옥평동(문천군)/깃대령(안변군)/금천리(안변군)/지하리(이천군)

• 생 · 화학무기

▲ 생물학무기

1. 생물학무기 연구 및 생산시설 현황
   가. 연구시설: 백마리(세균무기 연구소)/평양(26호 공장: 생물학 연구소)/평성(미생물 연구소)
   나. 생산시설: 정주(25호 공장)/선천(세균연구소)/순천(제약 공장)
2. 북한 보유 생물학 무기 현황
   가. 세균작용제 7종(탄저균, 브루셀라, 야토균, 장티푸스 등)
   나. 리켓치아 1종(발진티푸스)
   다. 바이러스 3종(천연두, 황열병, 유행성출혈열)
   라. 독소 2종(보토리움, 황우)
3. 위 "2" 중에 자체 배양 및 생산 가능 작용제: 탄저균, 천연두, 페스트
4. 위 "2" 중에 무기화 예상되는 작용제: 탄저균, 천연두, 페스트, 콜레라, 보토리움 ← 이 중에서 "탄저균"은 치사율이

높고 비전염성으로 통제가 용이하여 가장 사용이 유력시되는 후보 균제이다.

▲ 화학무기

1. 화학무기 생산시설 및 저장소 현황

가. 생산시설(10개소)

(1) 기초물질 생산: 청진(일한동, 화학섬유 연합기업소, 흥남(비료 연합기업소, 함흥(2.8 비날론 연합기업소), 안주(남흥 청년 화학연합기업소), 순천(석회질소비료공장), 신흥(화학공장)

(2) 중간물질 생산: 만포(화학공장), 청수(화학공장), 아오지(7.7 연합화학기업소)

(3) 최종 작용제 생산: 강계(화학공장)

나. 국가 급 저장소(6개소)

황촌(중앙화학보급소), 삼산동(화학물자저장소), 사리원(화학물자저장소), 왕재봉(화학물자저장소), 대양리(화학저장시설), 산음리(화학공장)

2. 화학무기 생산 능력: 최대 생산 능력: 평시(4,500톤)/전시(12,000톤)

3. 화학 작용제 보유량: 2,55~5,000톤 ← 미국, 러시아에 이어 세계 3위 수준

4. 화학작용제 종류: 신경작용제 6종(사린〈GB〉, V계열)/수포작용제 6종(겨자〈HD〉, 루이사이드〈HL〉)/혈액작용제 3종(시안화수소〈AC〉)/질식작용제 2종(포스겐〈CG〉)/구토 및 체류작용제 8종 ← 2가지 혼성 화합물 화학제 개발 중으로 추정
5. 화학무기 투발 수단: 야포/방사포(포병), 미사일(전략군), 항공기(항공 및 반항공군) ← 전시 전후방 지역에 동시 투발이 가능

제3장
북한이 추구하는 궁극적인 목표

북한을 바라보는 시각을 올바르게 인도해야할 필요성이 대두되고 있다. 민주주의의 다양성? 알권리? 인도적인 관점? 우리 민족끼리?

한국전쟁 후 한국은 역동적인 개발의 시대와 민주화의 시대를 실현하면서 국민의 욕구가 다양하게 분출하게 되었고 그 과정에서 고도성장이란 열매도 맺었지만, 빨리 빨리란 변화에 서두르다보니 제대로 바라보아야만 하는 것에 대한 중심을 잃었고 방향감각을 상실하게 되었다. 그 산물들이 다양한 목소리에 편승하여 거침없이 나타나고 있다. 황금만능주의이고, 개인이기주의이며, 공공의 이익 나아가 국가이익은 퇴색되어가고, 게다가 안보불감증은 마지노선을 넘고 있다.

반면에 북한은, 외부에서 보기에는 인권유린 국가이고, 극빈한

국가이며, 도발적인 악성국가로 낙인이 찍혀 있으나, 내부적으로는 김 씨 일족의 유일체제에 집단경영의 '병영국가 시스템'으로 내공이 다져 저 있어서 나름 탄탄한 조직 기반이 구축되어 그 어떤 외부의 자극에도 대처가 가능하다면서 자부심이 대단하다.

바꾸어 말하자면 '김정은 수령의 명령'만 떨어지면 '핵공격'이든 '남조선 서울 불바다'이든 그 무엇이든지 해 낼 수 있다는 당찬 자신감에 차 있다.

북한은 '조선(한) 반도에 김 씨 왕국을 건설'하는 것이 목표이다.

그동안 3대 세습에 이르는 과정에서 선대(김일성)로부터 이어져 내려오는 유지(遺志: 죽은 사람이 살아서 이루지 못하고 남긴 뜻)도 있었고, 국제사회의 최악에 이르는 흐름도 읽었다.

유지(遺志)는, 체제유지와 민족통일 과업, 일본열도 공략이며, **국제사회 흐름은**, 루마니아 차우세스쿠 대통령의 총살, 이라크 대통령 사담 후세인의 형장에서 사라 짐, 리비아 대통령 카다피의 몰락 등 생생한 현장을 바라보았다.

선대 유지를 받들고, 국제사회 흐름의 전철을 밟지 않기 위해서 모든 수단과 방법을 다 동원하고 있는 것이다.

국제사회와 대등한 지위관계 유지를 위해 핵과 미사일은 이미 성공하여 고도화와 다양화에 주력하고 있고, 생, 화학무기의 능력은 이미 세계 3위의 수준에 도달해 있다. 가장 신성시하고 있는 체제 유지에 걸림돌이 되는 요소가 발생하게 되면 경, 중에 따라 내부적으로는 과감한 숙청을 단행하여 공포 분위기를 조성하고, 국제사회는 무력시위라는 위협을 과시하면서 여차하면 같이 죽을 수 있다는 '벼랑 끝 전술'을 은연히 내비치며 견제구를 날리고 있다.

이러한 북한의 국가전략에 직접적인 피해 당사자는 바로 한국임에도 불구하고 북한의 대량살상무기 위협으로부터 한국의 가용수단이 그렇게 많지 않음이 외부로 다 노출되어버린 것이 심각한 문제점으로 나타나고 있다. 통수권자 자신이 늘 빈손으로 갔다가 빈손으로 돌아오는 다람쥐 쳇바퀴 도는 형상을 하고 있는 모습이 평범한 국민들에게 다 읽히고 있다는 점이 바로 그렇다.

동북아에서 운전자든 균형자든 무엇이라도 해야만 되겠는데 한마디로 속수무책이다. 북한의 처분만 기다려야하는 '망부석'과 같은 신세가 된 것이다.

과거 북한과의 관계는 현금주고, 쌀과 비료, 시멘트 주곤해서 심기를 달래면 잠시 잠잠했다가, 또 더 가지고 오라며 '연평도 해전을 벌리고, 핵과 미사일 발사 실험'을 해서 한마디로 남쪽을 가지고 놀았던 때가 있었다. 지금은 UN제재에 막혀 무얼 줄 수도 없으니 아예 '남조선 무시 전략'으로 너희는 상대할 수준이 아니라며 미국과의 대화에만 매달리고 있다.

이런 와중에도 끊임없이 '북한의 혁명전략' 중에 하나인 남조선 내 '남남 갈등 유발'을 대대적으로 전개해서 북이 원인이든, 한국 정치인이 원인이든 한국의 국론은 반반으로 나뉘어져 있다.

그렇다고 해서 갈등해소를 위한 뾰족한 대안도 없고, 이를 부추기는 세력이 주류사회에 팽배해 있다는 것이 안타까운 현실이다.

꼬집어 말하자면, 정치인, 교육자, 언론인, 종교인, 문화 예술인, 강성, 노동조합, 시민단체에서 국민을 아우르지는 못하고 오히려 둘로 갈라놓는 극과 극의 발언을 서슴지 않고 하는 사람들이 그렇다.

갈등이 자꾸만 엉키고 풀릴 기미가 보이질 않는 것은 여러 가지 이유가 있겠지만 그 중 가장 중요한 것은 바로 우리사회에서 '존경할만한 인물이 없다.'는 점이다.

위에서 거론한 일곱 부류의 사람들이야 그렇다 치고, 대다수의 국민이 마음 둘 곳이 허전한 헛헛한 심사를 달래줄 위인, 아니 따를만한 분이 나와서 시대를 읽는 말씀만 해 준다면 한국은, 국가안보도, 경제도 정상궤도에서 순항할 수 있다.

이미 고인이 되신 분들을 제외하고 실존인물 중에 한두 분은 있어야만 한다. 분명이 그럴만한 분이 있는데도 정치적으로, 지연, 혈연, 학연으로, 학문적으로 갈라치기를 하는 바람에 위대한 분을 만신창의를 만들어 버린 과오를 범한 경우가 있다. 한마디로 남 잘되는 꼴을 보기 싫어하고 어떻게든 혼자라도 비집고 살아가야만 한다는 강박관념이 우리 사회를 이렇게 만든 것 같다.

또 다른 표현을 하자면, 스스로 자신을 판단하기에 뒤질 이유가 없지만 이런 저런 이유로 어차피 주류에 끼일 수 없으니 외진 녘에서 독설과 비방, 강력한 반대 이론을 개발해서 내 놓으니 그게 먹혀들어 갔다. 즉 각종 언론에서 다루어주더라. 이러한 부류들이 보기보다 많이 분포되어 있다는 것이 사회혼란을 부추기는 요인이 되고 있다. 여기에는 과부하에 걸려 있는 즉 주류에 끼일 수 없는 각종 언론, SNS 등이 큰 몫을 하고 있다.

온갖 갈등으로 뒤엉켜진 사회적 문제나, 국가적인 문제, 나아가 국제적인 문제, 특히 심각한 남북문제들을 대체로 중심을 잡아주는 '존경하는 인물'이 있다면 복잡다단한 우리사회의 엉킴 현상이 상당히 부드럽게 돌아 갈 것으로 생각이 된다.

존경하는 인물이 갖추어야할 덕목 중 1순위는 '정치적 색깔'이 전혀 없어야 한다.

국제사회에서 몇 가지 예를 들어볼 수 있다.

바티칸의 교황, 일본, 태국의 왕 제도, 말레시아의 이광요 수상, 영국의 엘리자베스 여왕, 인도의 간디, 테레사 수녀, 남아프리카공화국 대통령 만델라 등

모두 갈등과 치유의 현장에서 빛난 인물들이다.

'북한의 궁극적인 목표'를 얘기하면서 왜 뜬금없이 '존경하는 인물' 얘기를 거론 했느냐 하면,

바로 북한 정권의 실체를 얘기하려하기 때문이다.

지금 북한은 국내, 국제적으로 최악의 상황을 맞으면서도 눈에 보이는 게 없다. 여차하면 덤터기를 씌울 판이다. 그래서 중국도, 러시아도 멈칫멈칫 하며 비위 맞추기를 하고 있고, 미국, 일본 역시 불똥이 튈라 조심조심하고 있다. 한국은 아예 처분만 기다리는 실정이다. 그만큼 큰 사건을 터트릴 일보 직전에 있는 태풍 전야와 같은 형국으로써 동북아에 긴장감과 전운(戰雲)이 감돌고 있는 판국이다. 북한은 내심 즐기고 있다. 소기의 목표가 달성 된 것이다. 어차피 잃을게 없는 지경에서 물귀신처럼 주변 4대 강국을 인질로 삼았으니 이제 '북한을 대등한 위치에서 대접을 해 달라'는 신호를 보내면서 '핵보유국으로써 지위'를 확보 해 보겠다는 야심이 도사리고 있는 것이다.

아울러 북한 주민에게는 위대한 영도자로서의 통찰력을 과시함으로써 '체제유지와 우상화'라는 두 마리 토끼를 동시에 동시에 잡으려고 한다.

때마침 김정은에게 천재일우 절호의 기회가 찾아왔다.

트럼프가 태운 말 잔등에서 어찌 할 바를 모르다가 중국 시진핑

의 3회에 걸친 국빈 초청으로 분위기가 확 달라졌다.

김정은은 여기에서 보답으로 “혈연적 유대로 한 집안 식구처럼 고락을 같이하며, 중국 동지들과 한 참모부(노동당)에서 긴밀히 협조하고 협동하겠다.”고 하였으며,

시진핑은, 변하지 않는 세 가지(三個不會變)를 강조하면서
첫째, 북 · 중 관계 발전에 대한 중국 공산당과 정부의 지지
둘째, 북한 주민에 대한 중국인민들의 깊은 우의
셋째, 사회주의 북한에 대한 지지
즉 사실상 중국판 ‘대북 체제보장’을 천명한 셈이 된다.

제2부

국제관계 안보환경

제1장 UN의 시각

제2장 중 · 러의 시각

제3장 미 · 일의 시각

제1장
UN의 시각

UN의 설립 목적은 다음과 같다.

1. 국제평화와 안전을 유지하고, 이를 위하여 평화에 대한 위협의 방지, 제거 그리고 침략행위 또는 기타 평화의 파괴를 진압하기 위한 유효한 집단적 조치를 취하고 평화의 파괴로 이를 우려가 있는 국제적 분쟁이나 사태의 조정, 해결을 평화적 수단에 의하여 또한 정의와 국제법의 원칙에 따라 실현한다.

2. 사람들의 평등권 및 자결 원칙의 존중에 기초하여 국가 간의 우호관계를 발전시키며, 세계 평화를 강화하기 위한 기타 적절한 조치를 취한다.

3. 경제적 사회적 문화적 또는 인도적 성격의 국제문제를 해결하고 또한 인종, 성별, 언어 또는 종교에 따른 차별 없이 모든 사람의 인권 및 기본적 자유에 대한 존중을 촉진하고 장려함에 있어 국제적 협력을 달성한다.

4. 이러한 공동의 목적을 달성함에 있어서 각국의 활동을 조화시키는 중심이 된다.

남한과 북한은 1991년 9월 17일 제 46차 UN 총회에서 만장일치로 동시에 UN에 가입하였다.

국제사회의 일원으로써 국가이익을 위해 주장할 것은 당당하게 하고, 아울러 국제관계에 의무를 엄숙하게 준수할 것을 선언 하였다.

그동안 한국은 UN 유지를 위한 정규 분담금도 세계 10위권에 육박하는 금액을 부담하였고, 세계평화유지를 위한 평화유지군(PKO: Peace Keeping Operation) 유지비용도 부담하면서 실 병력도 파견하여 활동 중에 있다.

그러나 북한은 국제질서를 망각하고 3대 세습과 체제유지에만 혈안이 되어 대량살상무기 개발과 수출에 열중한 나머지 2차례에 걸친 '테러지원 국가'로의 지정으로 국제사회에 불명예스런 낙인이 찍혀 국제무대 활동에 많은 제약을 받고 있다.

그동안 UN안보리의 대북제재 결의 내용을 보면,

1. 1695호(2006.7.15.) → 2006.7.5. 北 장거리 미사일 발사, 무기 금수 조치로써 미사일 관련 물품, 기술 등이 북한에서 사용되지 않도록 회원국에 요구, 금융제재로써, 북한 대량살상무기(WMD: Weapons Mass Destruction)관련 재정적 지원 이전을 감시 요구

2. 1718호(2006.10.14.) → 2006.10.9. 北 1차 핵실험, 무기 금수 조치로써 7대 무기류(전차, 장갑차, 대포, 전투기, 공격헬기, 전함, 미사일) 및 WMD 관련 품목을 북한과 거래 금지, 금지 품목을 적재한 북한 화물 검색, 금융제재로써 안보리 대북 제재위원회가 지정한 개인 단체에 금융제재

3. 1874호(2009.6.12.) → 2009.5.25. 北 2차 핵실험, 무기 금수로써 모든 무기 관련 물질, 기술 등 북한과 거래 금지, 모든 무기 수출 금지, 소형무기 제외 모든 무기 수입 금지, 북한으로 향하는 모든 화물 검색, 금융제재로써, 모든 WMD 관련 금융제재 및 대북 지원 금지

4. 2087호(2013.1.22.) → 2012.12.12. 북 장거리 미사일 발사, 무기 금수로써 결의 위반 품목 압류 및 처분 시 폐기 등 가용한 모든 처분 방법 허용, 선박 검색 거부 시 상황 안내서 발간 지시, 금융제재로써 불법 금융 모니터링, 제재 대상의 대량 현금 유통 등을 감시 및 통제

5. 2094호(2013.3.7.) → 2013.2.12. 北 3차 핵실험, 무기 금수로써 대북 기술지원 금지에 제3국 수출입 중개 서비스에도 적용, 우라늄 농축 관련 물자 금수, 북한 대리, 개인, 단체에 의해 중개 촉진된 모든 화물 검색 결정, 검색 불응 선박 입항 금지 및 제재위에 보고 의무화, 금융제재로써 북한 은행의 지점 설치 금지, 북한에 금융 지점 설치 금지, 공적 금융지원 금지 강화

6. 2270호(2016.3.2.) → 2016.1.6. 北 4차 핵실험/2016.2.7.

장거리 미사일 발사, 무기 금수로써 불법 물품 적재 추정 시 입항, 영공 통과 금지, 소형 재래식 무기 포함 북한 무기 수출입 금지, 무기 생산 가능 물품 거래 불허, 북한 수출입 모든 화물 검색 의무화—광물 항공유 등도 포함, 북한에 항공기 선박 및 승무원 제공 금지, 금융제재로써 핵과 미사일 개발 연루 북한 정부, 노동당 자산 동결, 북한 관련 공적, 사적 금융 거래 금지(은행 지점 폐쇄)

7. 2321호(2016.11.30.) → 2016.9.9. 北 5차 핵실험, 무기 금수로써 핵 및 WMD 관련 연구개발 분야 기술 협력 금지, 재래식 무기 관련 이중용도 품목 이전 금지, 대북 제재위에 의심 선박, 입항 금지 및 자산 동결 등 권한 부여, 금융제재로써 북한 외교관 금융계좌 數 제한, 북한 내 제3국 금융기관 전면 폐쇄 및 대북 무역 금융지원 전면 금지

8. 2371호(2017.8.5.) → 2017.7.4./7.28 북한 탄도 미사일 발사, 원자재 수출봉쇄, 노동자 신규 송출 금지, 석탄 상한선(연간 750만 톤: 4억 87만 달러)을 없애고 수출 전면 금지, 해산물 수출 금지

9. 2375호(2017.9.12.) → 2017.9.3. 北 6차 핵실험, 대북 원유 수출 금지(첫 제재), 대북 정유 제품 수출 450만 배럴에서 55% 줄여 연 200만 배럴로 하향, 원유 관련 응축물(condensate: 천연 가스에 섞여 나오는 경질 휘발성 액체, 탄화수소)과 액화천연가스(LNG: Liquefied Natural Gas) 대북 수추 금지, 직물 의류 중간제품/완제품 등 섬유수출 전면 금지, 기존 고용된 북한 노동자 계

약 만료시 신규 고용 금지

10. 2397호(2017.12.22.) → 2017.11.29. 北 대륙간탄도미사일(ICBM : Intercontinental Ballistic Missile) 화성 15형 발사, 정유제품 200만 배럴에서 50만 배럴로 삭감, 원유 공급할 경우에 보고도 의무화, 해외 노동자 24개월 이내에 송환, 수출 금지 품목 식용류, 농산품, 기계류, 전자기기, 토석류, 목재류, 선박 등으로 확대 및 산업기계, 운송수단, 철강 등 금속류 대북 수출 차단

일반적으로 감당하기 어려울 정도로 제재의 강도가 덮치고 있는데도 불구하고 눈도 깜짝하지 않고 더욱 도발에 기세를 올릴 준비를 하고 있다. 제재의 효과가 나타나기 위해서는 약 1년 정도의 기간이 필요 하다고 한다. 쌍방 간에 준비 기간과 정리를 위한 최소한의 짬이 필요하다고 보아 대체로 잠정적으로 용인을 하고 있는 듯 하지만 '이란과 같은 백기'를 들고 나올지는 미지수 이다.

참고로 이란은 2005년 6월 강경 보수파인 '마무드 아마리네가트'가 대통령이 되면서 '이란의 핵개발은 침해 받을 수 없는 고유의 권리'라고 밝히면서 악화되었고 안보리 제재에 들어갔으나, 2013년 8월 중도 온건파인 '하산 로하니' 정권이 출범하면서 UN과 대화를 재개하여 2015년 7월 14일 안보리 5개 상임이사국+독일과 협상을 개시하여 타결되었다. 이로 인해 그동안 제재를 받고 있든 경제와 금융제재, 무기 금수, 탄도 미사일 관련 제재가 모두 해결 되었다.

관계 정상화 3년 만에 또 다시 이란의 미사일발사 실험으로 미국은 이란과의 핵합의 문서에 파기를 선언하고 이란의 원유 수출을 차단하였다.

UN 제재가 강도 높게 진행되고 있는 이와중에 북한은 보랍시고 제 갈 길을 가고 있다. 최근 UN 전문가 패널이 안보리에 제출한 보고서를 보면, UN과 미국, 국제사회의 인내에 한계를 시험하고 있는 내용이 수록되어 있다.

① 핵과 미사일 프로그램을 중단하지 않고 있다.

② 해상을 통한 불법 원유 거래가 엄청나게 증가하고 있다.

③ 예멘, 시리아, 리비아에 무기 판매 의혹이 있다

④ 중국, 인도에 석탄과 철강제를 수술하고 있다. 6개월동안 158억원 정도이다.

UN은 북한 정권에 대한 신뢰를 이미 거두었고, 핵 폐기 없는 대화는 불필요 하다는 강경한 입장을 고수하고 있다. 앞으로 더 세찬 제재만이 국제질서를 평화롭게 유지할 수 있다고 보고 있다.

제2장
중·러의 시각

중국과 러시아는 북한을 소중하게 다루어야 할 의무와 책임이 있다. 구소련이 세계 공산화를 주창할 때, 중국이 국내 내전으로 만신창의가 되어 국론을 한 곳으로 집중시킬 필요가 있을 때, 조선반도전쟁(한국전쟁)을 일으켜 그 선봉장으로 북한 김일성을 앞세워 두 국가의 체면을 살려 준 고마운 국가이기도 하며, 근래에는 금싸라기와도 같은 전략적 요충지로써 중국에게는 자유민주주의 국가와의 완충지대(Buffer Zone)로서의 역할을 하고, 러시아에게는 부동항(不凍港)을 제공 받아 태평양으로 진출할 수 있는 교두보 역할을 할 수 있다. 지금 북한의 나진, 선봉이 바로 그렇다.

그 외에도 효용가치는 무궁무진하다. 중국은 동북3성의 경제 낙후지역인 훈춘에서 나진, 선봉까지 고속도로를 개통해서 군사목적항과 어업전진기지로 활용하고 있고, 뿐만 아니라 북한 내의 지하자원을 싹쓸이 하고 있다. 러시아는 블라디보스토크에서 나진, 선봉까지 열차를 개설해서 북한의 자원과 러시아의 에너지를 교환하고 이곳에서 쭉 한국과 아시아권까지 가스 송유관 개설을 꿈꾸고 있다. 부분적으로 자유민주주의 국가와의 완충지대로서 역할 또한 보탬이 되고 있다. 이러한 북한이 어떤 망나니짓을 해도 감싸들고 있고 UN에서의 방패막이 역할을 자임하고 있는 것이다.

이러다보니 북한 핵을 해결 한답시고 2003년 8월에 구성된 '6자 회담'이 현재까지 아무런 성과 없이 지지부진하다. 의장국인 중국의 미온적 태도가 오늘날 북한의 핵무장을 도와준 꼴이 되고 말았다.

북한은 중국과 러시아를 저울질 하고 있다.

북한은 핵실험이나, 미사일 발사 실험이 국제사회에서 어떤 반향을 불러일으킬지 잘 알고 있으면서도 시침이 떼고 모른척하며 중국과 러시아가 알아서 처신하도록 내버려 두고 있다. 지금까지는 어떻게든 양국이 귀신같이 알아서 척척 해결해 주고 있다.

중국과 러시아의 속마음에는 북한이 다소 마뜩잖아 보여도 실제로는 요모조모 요긴하게 활용될 수 있는 요술방망이 정도로 보고 있다.

중국과 러시아는 나름 대국이라 큰 그림을 그리지만 북한을 이용해 미국의 신경을 건드려 양국의 위상을 높이는 역할을 한다.

북한의 SLBM(Submarine-Launched Ballistic Missile: 잠수함 발사탄도미사일) 발사 실험은 은밀하게 러시아의 기술지원을 받았고, 이 실험이 성공됨으로서 미 본토까지 핵을 투발할 수 있는 수단을 갖추게 되어 미국은 보통 성가신 게 아니다.

그리고 각종 대량살상무기 실험을 할 때 마다 미국은 6자회담 의장국인 중국에게 어떤 역할을 해 달라고 매달린다.

이렇듯 북한은 최대한 도드라지는 일탈행위를 함으로써 일거삼득, 사득의 효과를 보고 있다. 중국에게는 무상원조지원을 떳떳하게 받아내고, 러시아에게는 에너지지원과 각종 군사과학기술을 받아내고 있다. 미국에게는 미, 북한 단독회담을 성사시켜 한국을 따돌리려는 수단으로 활용하고, 일본에게는 흐튼 수작 말고 조 · 일 교류에 매달리도록 하고 있으며, 한국에게는 남남갈등을 부추기는 역할과 각종 무상지원을 받아내는 수단으로 많은 재미를 보았다.

어떻든 북한은 보기에 따라 추잡스럽고, 독립국가로써의 자질이 부족한 듯하고, 그야말로 국제사회에서 악의 축(Axis of evil) 국가로 지정 받으면서도 (2002년 1월 29일 미국 부시 대통령이 연례일반교서에서 테러를 지원하는 국가로써 이라크, 이란, 리비아, 시리아, 쿠바, 북한을 거명 했으며, 2017년 11월 20일 두 번 재로 지정 됨) 일단 독특한 행위를 하고난 후 무엇이든 가시적으로 손에 쥐어져야만 성미가 풀리는 독특한 성격의 국가가 되었다. 게다가 최우방국인 중국과 러시아와의 관계에서 등거리 외교를 하며 양국을 쥐락펴락 하고 있다. 중국 시진핑 주석이 김정은을 만나주지 않고, 북한을 홀대하는 경향을 보이자 대국답지 못하고 좁쌀할멈 같다며 험담하고 곧바로 러시아에 대규모 사절단을 보내 관계발전을 모색하는 모습을 보였다. 곧이어 중국 외교사절이 북한을 방문해 상호 불신과 오해를 불식시키고 양국 간이 '혈맹관계'임을 천명하고 다시 우의를 다지는 일들이 전개 되었다.

북한은 중국과 러시아를 영원한 혈맹으로 생각하고 항상 '통 큰 지원'을 해 주길 바라고 있다.

공산주의 종주국 위치 차지를 위한 '소리 없는 총성'

공산주의의 본류는 구소련이다. 하지만 두 국가의 운명은 각각 개혁 개방을 선언한 후, 통치자의 통치철학에 따라 180도 다른 길을 가고 있다. 중국은 공산주의의 길을 가다가 그 사상적 본령을 유지한 체 '중국식 사회주의 시장개방형 모델'을 채택 했다.

이렇게 전격적인 체제변화를 시도한데는 지도자의 선견지명과 실사구시(實事求是: 사실을 토대로 두어 진리를 탐구, 고증을 바탕으로 하는 과학적, 객관적 학문 태도)를 중히 여긴 '덩샤오핑'의 탁월한 지도력이 있었기 때문이다. 반면에 러시아는 이전에 미국과 경쟁할 정도로 기초적인 생활수준이 어느 정도 갖추어져 있었으며, 서구에 가까운 문화적 배경과 개혁 초기부터 대통령제 정착으로 권력 투쟁의 소지가 적을 것으로 생각했으나 이 모두가 반대 현상이 나타나면서 천연가스 등 풍부한 지하자원이 있음에도 불구하고 분출하는 자유시장경제체제의 봇물을 통제하지 못하고 쇄락의 길을 걸었다. 경제력과 군사력은 비례하는 것으로 짧은 기간에 경제적 부흥을 이룬 중국은 군사력 또한 병행 증강시키면서 단숨에 공산주의 종주국 러시아를 추월하고 말았다. 아직 우주과학기술 등 군사과학에서는 러시아가 앞서지만 대량 물량공세로 밀어붙이는 중국을 따라잡기에는 점점 거리가 멀어지는 현상이다. 따라서 '철의장막(鐵 -帳幕: iron curtain-제2차 대전 후 소련 진영에 속하는 국가들의 폐쇄성을 풍자한 표현)'과 '죽의 장막(竹-帳幕: bamboo curtain-중국과 자유진영 국가들 사이에 가로 놓인 장벽을 중국의 명산물인 대(竹)에 비유하여 이르는 말)' 사이에 보이지 않는 암투가 지속되는 가운데 외양적으로는 양국이 상당히 가까워져 있는 분위기 이다. 겉으로 나타나고 있는 양국의 우의의 실체가 어느 정도 신뢰성이 있느냐 하는 것은 공산주의 원리에 대입해 보면 금세 알 수 있다. 즉 한 울타리 또는 한 우물이나 영역에서 두 마리의 용(龍)을 용납하지 않는 것이 공산주의의 본질이고 보면 둘 사이에 금이 가는 것은 시간문제 이다. 어쨌든 지금 당장은 러시아가 배가 아파도 국제사회 각 분야에서 G-2로서의 자리매김을 꾸준히 해 나가고 있는 중국에 대해서 쳐다만 봐야하는 것은 부인할 수 없는 엄혹한 현실이다.

필자의 출간 서적 '한반도 전쟁 무서워하지 마'에서 언급한 바 있는, 러시아가 중국을 능가하고 제2의 도약을 할 수 있는 유일한 첩경은 한국과 손잡는 일 외에는 뾰족한 수가 없음을 다시 한 번 강조한다.

공산주의 거물 '스탈린과 마오쩌둥'의 실체

1950년 6월 25일 새벽 4시 기습 남침으로 촉발된 '한국전쟁'의 원흉은 **"스탈린이 총괄 기획하고, 마오쩌둥을 연출 겸 주연으로 지정, 김일성을 행동대장"**으로 남파시킨 전쟁이다. 이 전쟁에서 패한 김일성을 두 거물은 차버리지 않고 끝까지 신뢰를 보이면서 오늘날 북한을 탄생시켰다.

북한은 70년의 세월이 흐르도록 이 두 나라에 감사하며 끈끈한 관계를 유지해 오면서 3대 세습이라는 세계사적 신기록까지 선물을 받았고 위기가 닥칠 때는 고비 고비 마다 적절하게 번갈아 저울질하며 어렵사리 정권을 유지하고 있다.

스탈린, 마오쩌둥, 김일성은 서로 '혈맹관계'임에 대해서 의견이 일치 한다. 김일성이 남침할 때, 정규군으로서 속도전을 감행한 것은 소련의 '전격전' 술(術)을 따랐고, 소규모 전투작전에서 한국군과 UN군을 공격할 때는 모택동의 '유격전술'을 따라했다.

둘 다 작전 및 전술적으로는 모두 성공했다. 다시 말해서 한국군 및 UN군의 많은 피해는 모두 이 작전 및 전술에 희생이 되었다.

오늘날 북한군의 군사전략에 꼭 포함되고 있는 것은, 과거 한국전쟁의 경험을 토대로 '속도전'으로 3일 내 수도 서울을 함락시킨다. 그리고 그 과정에 정규전과 비정규전의 배합작전으로 적을 지대 내에서 섬멸 한다.는 대원칙을 고수하고 있다. 그 외 기습전략과 총력전의 수행, 비대칭 및 제한전 중심의 작전이 군사전략에 포함되어 있다. 이렇듯 스탈린과 마오쩌둥의 그림자는 늘 북한 상공을 드리우고 있으며 보이지 않는 큰 손 역할을 하고 있다.

이러한 두 거물의 내밀한 부분을 한 번 짚어보려고 한다.

먼저 스탈린은,

역사에 이름을 남긴 뛰어난 정치가들과 전쟁전략가들은 무수히 많으며 인류역사의 수레바퀴는 그런 인물들에 의해서 돌아가고 있다. 한국전쟁의 진상과 두 동강 난 한반도의 진상을 밝히는데 중요한 위치를 점하고 있는 것은 바로 스탈린과 마오쩌둥이다.

스탈린은 레닌의 교시에 따라 국가를 통치했으며 레닌은 소비에트 정부 건립 초기부터 중국과 인도 등 동방국가들의 혁명적 중요성을 강조 했다. 스탈린은 특히 중국 정세의 변동을 예의 주시했다. 북경에 신임 미국 대사 헨리가 부임하여 장개석을 전적으로 지지함을 표명했을 때 스탈린은 중국내 미국의 영향력이 강해지게 되면 소련의 상황이 불리하게 될 것이라는 점을 알아차렸다.

그러나 스탈린은 중국과 인도에서의 혁명세력의 승리가 공산주의에 유리하게 작용할 것이라는 레닌의 교시는 잊지 않고 있었다.

1930년대 초 스탈린은 마오쩌둥과 중국공산주의자들에 대한 전면적 지원에 관한 코민테른(comintern:Communist International – 전 세계 노동자 국제조직)과 러시아공산당(볼세비키:Bolsheviki – 다수파, 혁명주의자 또는 과격파/ 반대파로써 멘세비키가 있음

Mensheviki: 소수파 또는 사회주의 우파) 중앙위원회의 업무를 직접 관장하기 시작했다.

스탈린은 중국공산주의자들이 극동지방에서소련의 이해에 반하는 병력운용을 했을 당시에도 지원을 중단하지 않았다.

스탈린의 심중에는 아시아지역으로의 혁명수출에 마오쩌둥을 이용하려는 계획을 세우고 있었기 때문이다.

1945년은 동아시아국가들의 역사에 큰 변화가 있었던 해다.

8월 15일 일본이 무조건 항복을 선언한 후 9월 2일 도쿄만의 미국 전함 '미주리' 선상에서 일본의 항복에 관한 문서가 조인되었다. 항복문서에 따라서, 일본은 무장해제와 점령지역으로부터의 무조건 철수를 선언했다. 그리고 모든 군사행동을 중단했고, 군사와 민간시설들을 양도했다. 아울러 모든 포로와 민간인 수용자들을 석방했으며 일본 왕과 정부도 연합군최고사령관의 지시에 따라야 했다.

항복문서 조인 후 일본군은 저항을 중지했으나, 동남아시아, 동아시아지역, 특히 중국 중북부의 일본군 무장해제는 쉽게 이루어지지 않았다. 이 지역으로부터 일본군 철수문서가 9월 9일 남경에서 조인되었으나 형식에 그치고 말았다. 1948년까지 장제스는 일본 군대를 마오쩌둥에 대항하는 데 이용했으며, 그 이후 몇 개월 동안에도 22만 5000명의 일본병사들이 중국 기지에서 방위임무를 수행하였다.

일본의 항복으로 전쟁이 끝남에 따라 극동지역의 중국, 한인공산주의자들은 그 지역에 새로운 체제를 구축할 좋은 기회를 얻게 되었다. 그러나 중국과 한국인들은 공산주의체제를 환영하지 않았다. 장제스는 미국의 지원을 바탕으로 전 중국에 걸쳐 전쟁준비를 해나갔으며, 미국정부는 중국의 '내적 평화'를 유지하며 일본군 무장해제를 지원한다는 명목으로 천진, 청도 등지에 병력을 상륙시켰고, 북경을 점령했다. 1945년 말 중국에 주둔한 미군숫자는 11만 3000명에 달했다. 미군으로부터 대규모 군사원조를 받은 국민당은 미군과 일본군 연합으로 마오쩌둥 군에 대한 전쟁을 벌여나갔다. 이런 상황에서 중국공산주의자들은 소련의 지원을 기대했으며, 소련은 이에 응했다. 이로 인해 만주지역은 스탈린의 도움으로 중국에 편입되었으며, 중국공산군은 튼튼한 후방을 갖게 되었다. 극리고 그 지역에서 소련의 도움으로 많은 군사전문가들을 양성하였다. 1945년 8월 14일 소 · 중 조약에 따라 소련정부는 장제스의 국민당 군이 대련항을 통해 만주로 이동하는 것을 허용하지 않았고, 일본군으로부터 압수한 수백 대의 항공기, 탱크 등과 수천문의 대포, 기관총과 전함들을 북동 중국 인민연합군에 넘겨주었다. 이 지원에 힘입어 만주연합군은 국민당 군에 대한 공세를 시작했고 결국 승리하여 '중화인민공화국'을 건설했다.

중국공산주의자들에게 소련의 정치적 지원은 무척 중요한 요소였다. 1945년 2월, 얄타회담 시에 소련은 대일참전을 선언했을 뿐 아니라 소 · 중 우호 동맹조약을 체결하여 중국 해방을 군사적으로 지원하겠다는 의사를 표명하였다. 1945년 4월 5일, 소련은 1941년에 일본과 체결한 중립조약의 무효를 선언했으며, 모스크바에서

소 · 중 협상이 시작되어 8월 14일에 소 · 중 우호동맹조약이 체결되었다. 국제적 지위가 강화되었다는 점에서 이 조약은 중국에게 매우 중요한 것이었다. 중국공산당은 이 조약을 높이 평가하였다.

전후 중국에서 벌어진 첨예한 대립에 있어서, 스탈린은 변함없이 마오쩌둥을 지원하였다. 1945년 5월, 스탈린은 중국공산당 중앙위원회부의장 유소기와 중앙위북부부지부비서 고강을 대표로한 중국공산당사절을 접견하였다. 1945녀부터 중화인민공화국 건국시까지 만주에는 소련공산당 대표부가 주둔했다.

마오쩌둥에게 있어서 소련의 경제적지원은 매우 귀중한 것이었다. 전후 중국경제는 아주 어려운 상황이었다. 중국 내에는 인플레와 실업이 기승을 부렸고, 수천만 명이 굶주리고 있었다. 이런 상황은 1946년 중반에 국민당 군이 대공세를 벌여 20만km²를 점령했던 시기에 더욱 악화되었다. 이런 상황에서 만주는 중국공산당에게는 더욱 중요했다. 스탈린의 지시에 따라 이 지역의 마오쩌둥 군대에게 연료, 자동차, 의약품, 석탄, 의류 등이 지원되었다. 중국공산당 중앙위원회의 요청에 따라 소련기술자들이 철도, 산업시설들을 조성하고 기술자를 양성하는데 참여했다.

이에 마오쩌둥 군대는 강력한 공세를 펼쳐 완전한 승리로 마감한다.

마오쩌둥은 어떤 인물인가? 그는 여전히 많은 사람들에게 신비한 인물로 기억되고 있다.

마오쩌둥은 스탈린보다 14년 늦은 1894년 12월에 태어났다. 그의 아버지는 상인이었으며 자식도 상인이 되기를 바랐다. 그러나 젊은 마오쩌둥은 힘겹고 위험한 혁명가의 길을 택했다. 1919년 그는 처음으로 마르크스-엥겔스, 레닌의 저서들을 접하게 되었다. 그가 공산주의자가 된 것은 '공산당 선언'과 '계급혁명론'을 읽은 1920년이었다. 마오쩌둥 인생에 전기가 마련된 것은, 주덕, 팽덕회, 하룡 등이 최초로 권력투쟁을 위한 무장조직을 구성한 1927년이었다. 그는 43세 때 군지휘자가 되었고 중국내 핵심 인물이 되었다. 1945년 이후 그의 주도하에 중국에는 전체주의적인 국가가 구성되었다.

1948년 10월 1일 북경에서 중화인민공화국을 선포한 즉시, 마오쩌둥은 모스크바를 방문했다. 스탈린을 만난 마오쩌둥은 '우리는 위대한 국가를 건설하고자 합니다. 우리가 해야 할 일은 어려운 일이며 우리는 경험이 부족합니다. 따라서 우리는 소련의 경험을 통해 배워야 합니다.'라고 말했다.

스탈린의 특사로서 마오쩌둥과 함께 지낸 적이 있는 코발리예프 장군의 증언은 마오쩌둥의 성격을 잘 밝혀주고 있다.

1948년 5월 중순, 나는 당 중앙위로 호출되어 스탈린을 만났다.

스탈린은 내게 마오쩌둥으로부터 방금 받은 전문을 보여주었다.

마오쩌둥은 중국공산당이 군사적 경험은 많으나 경제적 경험이 부족하여 대규모 경제를 운영할 능력이 없으니, 경제문제 해결과 철도건설을 위한 전문가들을 파견해달라고 썼다.

정치국 결정에 따라 내가 그 사절단의 대표로 임명되었고, 우리는 6월 초에 중국으로 떠났다. 당시 공식적인 나의 직함은 중·소간 공유하는 장춘철도공사에 소속된 소련각료회의 대표였다. 이는 우리가 중국 공산당을 지원한다는 것을 은폐하기 위한 것이었다. 우리의 모든 업무는 극비리에 진행되었다.

스탈린은 중국에 관한 모든 사항을 파악하고 있었다. 마오쩌둥은 아주 사소한 부탁까지도 스탈린에게 직접 하였다.

나의 중국에 관련된 모든 업무는 필립에게만 보고 하였다.('필립'은 중국공산당 지도부와 암호전문을 교환할 때, 스탈린을 지칭하는 이름이었다.)

1948년 12월 다시 모스크바로 돌아왔고, 스탈린에게 중국에서의 업무를 직접 보고하였다. 1949년 1월 다시 중국으로 갔으며, 이때 미코얀(부수상)을 수행했는데, 그는 중국공산당 지도자들과 비밀협상을 했다. 이 때 나는 처음으로 마오쩌둥, 유소기, 주은래를 직접 만났고 이 후 긴밀한 업무관계를 유지했다.

이후부터 중국에서의 업무에 많은 변화가 있었다. 이전에는 중국에 대한 기술원조였지만, 이후부터 나의 주 임무가 중국공산당지도부의 상황과 중국 내 정세를 스탈린에게 보고하고 마오쩌둥과 스탈린 간의 연결을 책임지는 것이 되었다.

1949년 3월 중국정부는 북경으로 옮겼다. 내게는 북경근교에 주택이 제공되었고 이때부터 거의 매일 마오쩌둥을 만났다.

내가 중국에서 일한 기간 중 가장 기억에 남는 일은 1949년 12월에서 1950년 2월 중 마오쩌둥과 함께 모스크바에 왔던 일이다. 당시 스탈린과의 길고도 힘겨운 협상 끝에 양국 간의 우호와 협력, 상호원조에 관한 조약을 비롯한 기타 주요한 조약들이 체결된 것이다.

1949년 말, 마오쩌둥은 중화인민공화국의 지도자로서 모스크바를 방문했다. 후일 그는 그 때의 방문을 몹시 분개하며 회고하기도 했다. 타국을 방문하는 것은 부끄러운 일이라고 생각했다. 전통적으로 중국황제는 중국 밖으로 나가지 않았으며, 타국의 통치자들이 중국을 방문했던 것이다.

마오쩌둥은 모스크바가 북경보다 우위에 있다는 점을 실질적으로 인정하고 스탈린을 방문했다.

두 사람은 극동의 군사, 정치적인 상황을 면밀하게 검토했다. 이들은 금년 초 여름이 대만과 조선의 문제들을 완전히 결정짓는데 있어 절호의 시기가 될 것이라는 데에 의견이 일치했다.

'심야회담'이 진행되는 동안 마오쩌둥은 중국혁명의 승리와 함께 아시아의 군사, 정치적인 세력이 질적으로 새롭게 재편되었다는 점을 중시했다.1950년 초 아시아에서 미 제국주의에 단호하게 대처하기 위한 유리한 상황이 조성되었다고 보았다.

마오쩌둥과 스탈린은 두 이웃국가인 소련과 중국의 인적, 자연적 그리고 군사, 정치적인 공동자원과 가능성에 대한 상관적인 변수들을 오랫동안 면밀하게 검토, 평가했다. 그 결과 서방의 총체적인 군사적 잠재력에 비해 소련과 그 동맹국들의 우월성이 계속해서 유지되고 있다는 결론을 얻었다.

대담자들은 여러 차례 대만 문제를 심도 있게 다루었다. 스탈린은 이 섬이 수도 북경과 '뗄 레야 뗄 수 없는 중국의 한 부분'이라는 주장을 전적으로 지지했다.

또한 두 지도자는 '아시아에는 두 개의 종양 즉 장제스의 대만과 이승만의 남한이 존재한다.' 고 했다.

스탈린은 '두 개의 종양' 제거 수술이 임박했다고 결론지었다.

'신생 중국이 나서서 대만 문제를 해결하도록 해야 되고, 소련이 직접 조선 문제를 처리하도록 해야 합니다.' 이렇게 1949년 12월 말, 모스크바 근교의 스탈린 별장에서 있은 '심야회담'에서 조선의 운명이 예정되었던 것이다.

스탈린과 마오쩌둥은 이미 서울의 상공에 공산주의 적기(赤旗)가 나부끼는 것을 보고 있었다.

중국의 THAAD 편들기는 북한 짝사랑의 막장 드라마

사드에 대한 중국의 외교정책은 21세기 들어서 최악의 악수(惡手)를 두고 말았다. 그동안 개혁 개방을 추진하면서 경제력도 성장했고, 군사력도 증강 되었지만, 외교정책에서만은 늘 불안 불안한 모습을 보여 왔다. 대범하고 의연한 척하지만 '좁쌀 할멈' 같이 속이 좁고, 배려할 줄 모르고, 시기와 질투가 범벅이 되어 겉과 속이 다른 이기주의적 국가로 국제사회에 점 찍혀지고 있다.

이것은 중국의 역사가 증명하고 있다. 늘 민족 내부 전란으로 점철되어 왔었고, 외세에도 지배되었으며, 국가이익 또는 특정인의 정치적 야욕을 위해서는 백성 수 천 만 명이 목숨을 잃어도 눈도 깜박하지 않았던 국가이다. 그럼에도 오늘날 천하통일을 이룬 자국의 역사에 대해 무한 긍정적이고 자부심을 가지고 있다. 따지고 보면 제대로 국가 구실을 하고 존경 받고 산 역사가 일천하다고 보면 된다. 때문에 그들에게는 경제력이든 군사력이든 무슨 힘으로든 상대 국가를 휘어잡으면 된다는 그들만의 역사를 되풀이 하고 있는 것이다. 그동안 자리를 잡아 가는 20여 년 동안은, 그들의 외교정책인 도광양회(韜光養晦: 일부러 몸을 낮추어 상대방의 경계심을 늦춘 뒤 몰래 힘을 기른다.)로 땅만 바라보고 힘을 길렀다. 그러다 2013년 시진핑 주석이 정권을 잡은 후 보랍시고 대국굴기(大國屈起: 강대국으로 우뚝 선다.)로 급선회해서 국제사회에 노골적으로 대들고 있다.

사드 한반도 배치에 따른 중국의 행위는 도를 넘치고 있다.

THAAD란, 전역 고고도 지역방어(Theater Altitude Area Defense)로써, 길이 6.17m, 무게 90kg, 직경 34cm, 속도 마하 8.4, 가격은 발 당 110 억 원, 최대요격 고도150km 이며, AN/TPY-2 고성능 X밴드 레이더가 있어 최대 탐지거리는 2,000km이

나 실제 유효 탐지거리는 600km가 가능 하다(1,000km 이상이 되어야 중국에 위험). 한반도 전역 방어를 위해서는 2-4개 포대(1개 포대 48발)가 필요하고 비용만 4-8조가 있어야 한다.

이는 사드에 대한 일반적 제원이며, 한반도에 배치 목적은 북한 핵 및 미사일 위협으로부터 주한미군의 전략자산을 보호하고 나아가 한국의 안보에 보탬이 되기 위한 순수한 방어 목적의 수단임을 누누이 강조하였고 더욱이 중국의 불편한 심기를 진정하기 위해(베이징까지 탐지거리가 닫지 않도록) 배치지역을 한반도 중부권 지역을 고려했다가 일부러 뒤로 물려 놓았다.

그럼에도 불구하고 중국은 온갖 횡포를 일삼으며 한국을 옥죄고 있다. 경북 성주의 롯데 골프장을 부지로 제공 했다며 중국에 나가 있는 롯데 기업의 활동을 전면 중지시키고, 한, 중 문화, 예술 활동을 전면 금지 시켰으며, 한국제품의 수입금지 및 판매 중단, 한국 전세기 운항 중단 등 급기야는 중국 관광객의 한국방문을 통제해 버렸다. 그 외에 소소한 지방정부간 교류, 민간 포럼까지 제한하는 등 국제 상도의를 완전 저버리는 막무가내 식이다.

전 세계가 북한의 만행을 제재하고 있고, 중국도 동참해야할 판에 아무 일 없다는 듯 보랍시고 북한에 관광을 확대시키고, 전세기를 띄우면서 우호관계라는 것을 강조하고 있다.

급기야 미국 하원에서는 '중국의 사드보복'이라는 의제로 중국의 부당함을 의결 했고 국제기구인 WTO(World Trade Organization

: 세계무역기구)에 제소까지 고려하고 있고, 보다 못한 미국 트럼프 대통령은 북한 압박에 들어갔다. 모든 전략 자산을 한반도 주변으로 집결 시키면서 '북한을 지도상에서 제거 하겠다'는 결기를 보이고 있다.

이것은 눈에 보이는 하수들의 꼼수로써, 중국은 한국을, 미국은 북한을 지렛대로 무슨 딜(거래)을 하려는 모습이다.

특히 중국의 꼼수는 명분도, 실리도 없는 패착을 두고 있다.

반면에 한국정부는 미온적이다. 그렇다고 정부를 탓할 수가 없다. 정부의 맞대응 전략이 분명이 갖추어져 있겠으나 그 카드를 유보하고 있는 듯하다. 롯데 외에 많은 기업들이 현지 활동을 하고 있고 유학생을 비롯한 다양한 분야에 진출해 있는 한국인들의 안전을 위해서 카드를 만지작거리고만 있는데, 괜찮은 전략으로 본다. 설 건드렸다가는 막다른 골목으로 내닿는 조울증 환자처럼 칼이라도 뽑아들면 더 큰 싸움판이 벌어질 수가 있기 때문에 제풀에 지칠 때까지 두고 보는 것이 상책이라고 보는 듯하다.

최근 한 · 중 정상회담(2017.12.13.~16)이 그 사실을 증명하고 있다. 사드 해결을 위해 성공적인 외교라고 하지만 결실은 아무것도 없고 국민들이 보기에는 온갖 하급 대우만 받고 돌아온 그야말로 표현하기 힘든 구차스런 외교였다. 특히 우리 정부가 중국에 약속한 3NO 정책은 미국과의 마찰은 물론 한국의 군사주권 포기까지 우려되는 아주 위험한 발상으로 지목되고 있다. 즉 "사드 추가 배치는 없다. 미국의 미사일방어체계(MD : Missile Defence)에 불참하겠다. 한 · 미 · 일 3국 군사동맹을 추진하지 않겠다."는 선언이다.

그러나 중국의 군사력 증강 한 분야에 대해서만은 간단하게 언급해야만 되겠다. 북한 신의주 북방 단둥에 배치되어 있는 둥펑- 41의 사정권(14000km)은 일본 열도를 지나 괌까지 샅샅이 들여다 볼 수 있고, 랴오둥에 위치한 둥펑-21(1700km)과 둥펑-15, 산둥반도의 둥펑-15(600km) 수 백기는 한반도를 직접적으로 겨냥하고 있다. 이건 어떻게 할 건가. 한국에게는 탄도미사일 자체 개발에 사거리와 탄두 중량을 모두 제한(800km/500kg)하여 손발을 묶고 있으면서 중국은 미국에 대항 한다면서 항공모함 1척을 이미 실전 배치하고 또 한 척을 건조하는 등 마음대로 위력을 과시하고 있지 않은가.

이 모든 일연의 행동들은 명색이 세계 G-2의 경제대국이면서, AIIB(Asia Infrastructure Investment Bank: 아시아인프라투자은행) 57개국을 주도하는 국가로써, 중국, 인도, 러시아, 독일에 이어 제5위의 투자국가인 한국을 졸(卒)로 보는 행위로 볼 수밖에 없다.

이 쯤 되면 이제 국제사회는 중국의 민낯을 그대로 볼 수 있고, 앞으로 중국과의 거래에 있어서는 늘 뒷감당할 대책을 마련해 두어야만 하는 '이상한 국가'로 낙인이 찍히게 된다.

북한을 손에서 놓이기 싫어 온갖 수모를 당하면서도 옹호해야만 하는 '대국의 불편한 진실' 앞에 모든 국가들은 망연자실하고 있다는 것을 오직 중국만 모르고 있는 것 같다.

이를 수밖에 없는 중국의 현실을 너무나 잘 알고 있는 북한은, 중국을 계속 시궁창으로 안내하고 있고, 점점 더 깊은 수렁인 지옥으로 몰고 가고 있다. 중국은 북한의 호구(虎口: 만만한 상대)이니까...

종합해 보면,

공산주의 종주국의 원조는 소련임이 명확하다. 마오쩌둥이 중국공산당을 창설하고, 중화인만공화국으로의 천하통일을 이룰 때까지 기반을 구축하는 데는 소련 스탈린의 적극적인 뒷받침이 필요했고, 고개를 숙여야만 했었다. 그 과정에 스탈린은 마오쩌둥의 내면을 파악할 필요가 있었고 여러 시험과정을 거쳐 인정을 했다.

마오쩌둥이 중국 지도자로 등극한 후에도 각종 군사, 경제, 정치적인 지원은 계속되었고 그 덕분으로 정치적인 안정을 찾아갈 수 있었다. 최소한 제2기 중국지도자 덩샤오핑의 집정시기 후반, 1992년 개혁 개방을 본격적으로 추진할 때까지는 러시아가 종주국으로의 위치를 갖추고 있었다. 중국의 경제가 본격적으로 년 10% 이상의 고도성장을 10여 년간 지속하면서 공산주의사회 자체 판도 변화는 물론 전 세계경제의 시선이 중국을 주목하게 되었다. 명실공이 공산주의 종주국가로서의 위상을 유지하고 있다. 반면에 러시아는 지금의 현실을 그대로 받아들이는 분위기이고 그야말로 '크레믈린(구소련의 궁전: 철의 장막처럼 철저한 비밀유지-우리가 속을 들어 내지 않고 가만히 기회를 엿보는 사람을 일컬을 데 자주 사용 함)'처럼 행동을 하고 있는 분위기이다.

이렇게 두 공산주의 축(軸)이 암투를 하고 있는 동안 북한은 말기 악성종양으로 엄청난 고통을 받고 있으면서도 얼굴에 만면의 미소를 머금고 있는 것은, 지구상에서 악의 축(axis of evils)으로 찍혀 있는 북한이라는 사회주의 국가 하나를 두고 UN안보리 상임이사국인 두 거물, 중국과 러시아가 체면도 가리지 않고 서로 다투어 북한을 짝사랑 하겠다고 난리를 치는 모습을 보고 있기 때문이다.

- 중국과 러시아는 북한이 내미는 손을 결코 뿌리칠 수 없다. -

그 단적인 예를 들어 보면,

미국이 앞장서서 북한에 대한 제재와 압박이 들어가고 있는 UN안보리 결의에 대하여 안보리 상임이사국인 중국과 러시아는 외양적으로 동의를 하고 있지만, 실제 시행과정에는 각종 허술한 구멍을 이용할 수 있도록 그대로 방치를 하고 있다. 민간 차원의 교역이란 탈을 쓰고 북한이 가장 아파하는 분야인 원유가 술술 세 들어

가고 있는 것이다.

이 과정에서 보란 듯이 활동하고 있는 안보리 제재 위반 선박을 보면, 중국국적 또는 제3국에 선적을 두고 있는 중국인 선사 대표들이고 러시아 선박도 있다. 오리엔탈 선위(파나마 선적, 중국 닝보 거주 중국인), 위위안(토고 선적, 중국 다롄 거주 중국인), 신성하이(벨리즈 선적, 중국 다롄 거주 중국인), 카이샹(파나마 선적, 중국 웨이팡 거주 중국인), 라이트하우스 윈모어(홍콩 선적, 중국 광저우 거주 중국인), 러시아 국적 선박으로는 비티아즈 호 역시 해상에서 북한 대형 선박 '삼마 2'에 정유제품 공급하는 것이 적발되었다.

이렇듯 제재의 칼날을 비켜가는 행위가 공공연히 자행되는 한, 북한에 대한 압박은 강도는 희석되고 북한에게 핵과 미사일의 고도화와 소형화, 대량 생산할 시간적 여유만 벌어주게 된다. 다행이 이들 행위가 미국 위성정찰에 포착이 되었으므로 중국과 러시아에 대한 압박 역시, 국제사회가 동시에 이루어져야만 한다.

제3장
미·일의 시각

미 · 일의 시각은 기본적으로 UN의 시각과 동일 한 점이 많이 있으며 쌍방이 동행을 이어 가고 있다.

그러나 국가이익 측면으로 보면 북한 대량살상무기에 대한 거부반응은 상상을 초월할 정도로 심각하게 다루어지고 있다.

미국은 트럼프가 대통령에 당선되면서부터 주요 직위에 주로 매파(국가안보에 강경파)들로 임명되어 북한정책에 대한 강도가 매우 단호하고 엄중하게 다루어지고 있다. 선제타격, 예방타격, 해안차단 ,해안봉쇄, 한반도주변에 주요 전략자산 배치 및 훈련, 중국을 통한 압박 강도 강화, 테러지원국 재지정, 미 의회의 대북 인권결의안 결의 등 그야말로 숨이 멎을 정도로 제재와 압박의 카드가 제시되고 있다. 뿐만 아니라 미국 단독 제재 조치로서 북한 관련 거래를 이차적 제재(Secondary sanction/boycott) 그 효과는 서서히 아프게 나타날 전망이다.

그 와중에도 미국 내 국민 여론은 심각하다. 북한의 대륙간탄도 미사일이 미국 본토를 타격할 수 있고 수소폭탄까지 실험에 성공했다는 뉴스에 동요하기 시작했으며 하와이에서는 2차 세계대전 이후 처음으로 민간 대피훈련을 시행 하는 등 자구책 마련에 분주해졌다. 반면에 한국에서는 행정안전부 장관이 직접 나서서 민방위의 날 북한 핵 투발에 대비한 비상훈련을 하지 못하게 하는 묘한 상황이 발생하였다. 북한을 자극한다는 이유에서 이다.

수 천리 밖 타국에서는 난리인데 당사국인 한국은 진즉 고요하다 못해 숨죽이고 있는 촌극에 대해 국제사회와 동맹국인 미국은 어떤 생각을 하고 있을까. 필자의 가슴 속은 텅 비어 있는 기분이다.

이에 북한은 굽히지 않고 물러서질 않고 제 갈 길을 가고 있으면서 '미국 본토가 이제 우리의 사정권 내에 들어와 있다.'면서 '핵보유국으로써의 지위 확보'에 더욱 힘을 보태고 있다.

나아가 미국에게는 이제 할 말 있으면 대화에 나서라면서 통미봉남(通美封南:미국과 대화하고 남쪽과는 상종 않겠다.)의 신호를 보내고 있다.

그러나 미국은 북한과 관계 개선을 위해서는 대량살상무기 폐기가 전제 되어야만 대화가 있을 수 있다며 분명한 선을 긋고 있다. 이는 그동안 북한과 교류를 진행하면서 늘 퍼주기만 하고 얻은 것은 아무 것도 없었으며 결과적으로 오늘날 미국을 위협하는 핵 보유국가로의 수준에 도달하게 되었다고 보면서, 지난 25년간의 실패를 반복하지 않겠다는 단호한 의지가 대 북한전략에 담겨져 있다. 미국의 강경한 조치가 예사스럽지 않음을 미국 주재 북한 대사로부터 보고 받은 김정은은 2018년 신년사에서 파격적인 제안을 하게 된다. 그동안 게임에 대상이 되질 않는다는 남조선을 향해 구원의 손길을 시침이 떼고 넌지시 내밀었다. 또 한편으로는 무슨 시혜를 베풀 듯이 '평창 동계올림픽'을 우리 민족끼리 성공적으로 성사시켜야하는 민족 대과업으로 내세우면서 대규모 참가 단을 파견하겠다고 선언하였다. 이어 한국은 얼씨구나 일사천리로 모든 게 진행되면서 2018년 1월 9일 남북 간 고위회담을 개최하여 당일 합의문을 발표 하였다.

남북회담 역사상 유래를 찾기 힘든 파격적인 결과물을 도출하게 된 것은 남북의 이해관계가 맞아 떨어졌기 때문이다.

한국은 평창올림픽 성공이란 대의명분에다 그동안 대화에 목말라 있었고, 북한은 미국의 강경노선에 대한 반발과 함께 국제사회에 유화의 몸짓을 보이면서, 특히 남남갈등과 한미공조(한미 연합 군사훈련, 대북제재, 한미일 공조에 혼선 야기)를 깨트릴 절호의 기회를 잡은 것이다. 미국은 당분간 남북 대화의 진행과정을 예의 지켜보겠다는 뜻을 밝히고 있다.

이 와중에도 미국 내 안보관련 고위직에서 나오는 강경 기류는 심상치 않다.

미 중앙정보국(CIA: Central Intelligence Agency) 국장 마이크 폼페이오(이후 국무장관)는 "북한이 미사일로 미국 본토를 타격할 능력을 갖추는데 까지 몇 달 밖에 남지 않았다."고 했다.

북한이 평창 동계올림픽 참가 등 평화공세 속에서도 북 핵 위기의 본질은 변하지 않았다는 것이다.

따라서 미 CIA는 '비밀작전'을 확대하고 있다면서 2017년 5월 '코리아 임무센터'를 만들어 북한에 대한 정보수집부터 군사 옵션까지 다양한 해법을 연구하고 있다고 했다.

미 해병대사령관 넬러는 2017년 12월, 노르웨이와 미 해병대의 연합훈련 있는 노르웨이 군 기지를 방문한 자리에서 한반도 전쟁을 염두에 둔 발언을 하면서 . 내가 틀리기를 바라지만 큰 전쟁이 오고 있으며, 많은 사람이 다칠 것이고, 전쟁은 우리 생각대로 진행되지 않는다면서 미국 영화 "왕좌의 게임(Game of Thrones)"을 예를 들면서, You win or You die. 즉 왕좌를 차지 못하면 죽는다. Winter is coming(겨울이 오고 있다.) 오랜 시간에 걸쳐 많은 어려움을 동반할 것이라고 했다.

그리고 그는 여러 부하 장병들에게, "한국에 가 본적이 있나? Sucks(끔찍하다.) 한국인은 훌륭하지만 나라는 Tough(거칠다.) 산악이 많고, 여름엔 덥고, 겨울엔 춥고, 도로는 좁아 지나기가 힘들다. 하지만 우리는 어떻게 싸워야 할지 생각해야 한다.

아울러 그는 휴전선상에 북한의 장사정포와 방사포가 한국 수도권 3,000만을 겨냥하고 있다고 덧붙였다.

여기에서 필자의 견해를 덧붙이자면, 미국 해병대는 한국전쟁 중에 전개된 '장진호 전투'를 잊지 못한다. 이 전투는 미국 전쟁사에서 '가장 고전했던 전투'로 기록되어 있기 때문이다.

잠시 전투 개황을 요약해 보면, 1950년 11월 26일에서 12월 11일 까지 17일 동안 중공군 제9병단 예하 7개 사단 약 12만 명과 미제 10군단 예하 미 제1 해병사단 13000명과의 전투이며, 여기에서 미군 4500명이 전사 했고, 7500명이 부상을 당했으며, 중공군 역시 거의 궤멸 상태에 이르렀다. 이 전투 결과 중공군의 남진을 약 2주 동안 저지함으로써 수세로 몰리던 한국전쟁에 다소 시간적 여유를 찾게 된 계기가 되었고, 우리가 너무나 잘 알고 있는 '흥남철수작전'의 성공에 크게 기여한 공적이 있다.

이렇듯 미 해병대사령관은 선배 해병들이 한반도에서 치른 뼈아픈 과거를 너무나 잘 알고 있기에 반면교사(反面敎師 : 부정적인 면에서 얻는 깨달음이나 가르침을 주는 대상)로 삼고자하며, 결기를 다지는 충언으로 보인다.

최근 북 · 미 관계가 상당히 발전적으로 진행되고 있는 가운데, 북한은 제재의 공간을 비집고 위반 행위를 서슴없이 자행하고 있다. 미국 스티브 므누신 재무장관은 북한과 교류를 한 다음 기관과 개인에 대해 미국에 보유하고 있는 자산 일체를 동결한다고 선언했다.

① 러시아의 아그로소유즈 상업은행

② 단둥 중성 공무 유한공사

③ 은근기업

④ 이종원 조선 무역은행 러시아지부 부대표

아울러 완전하고 검증 가능한 비핵화(FFVD : Final, Fully-Verified Denuclearization)가 이루어 질 때까지 제재는 계속된다고 하였다.

한편 일본은, 북한 미사일이 일본 열도를 통과 하는 등 일본의 배타적 경제수역에 수시로 떨어지는데 대한 긴장감은 하늘을 찌르고 있다. 이미 일본은 2차 세계대전 중에 히로시마와 나가사키에 핵 투발이란 거대한 재앙을 경험한 국가로써 핵에 대한 트라우마가 국민 의식에 잠재되어 있기에 북한의 도발은 일본을 전쟁하는 나라로 가는 길을 재촉하는 촉매제가 되고 있다. 일본 국민은 전쟁에 패한 아픈 경험으로 인해서 지금까지는 미일동맹의 틀에서 평화적으로 전수방어(專守防禦: 공격을 받을 때에만 방어용 무기를 사용한다.)를 지향하는 보통국가로의 삶을 지향해 왔으나 북한의 도발적 행위에 대응할 수 있는 적극적인 국가방위전략을 지향하는데 대하여 일본 국민 대부분이 동의를 하는 추세로 바뀌고 있다.

북한 미사일 발사에 대비하는 일본 국민의 '대피훈련' 모습을 보면 그 결기를 읽을 수 있다. 모두 의미심장하고, 질서 있으며 현실을 받아드리는 성숙한 시민정신을 읽을 수 있다.

일본 헌법 9조에 "일본 국민은 정의와 질서를 지키며 국제평화를 위해 노력해야 한다. 어떠한 경우에도 전쟁을 일으키거나 무력을 사용해서는 안 되며, 육해공군과 기타 무력, 교전권을 가질 수 없다." 아베 총리는 북한의 각종 도발에 대처하고 국민의 재산과 안전을 보장하기 위해서는 부득이 헌법을 개정해서 '전쟁할 수 있는 국가'로 변화를 해야겠다고 말했다. 일본 국민들이 힘을 실어주려는 반향을 보이는 듯하다.

북한의 군사력 증강으로 동북아에 새로운 질서가 구축될 조짐을 보이고 있는 것이다. 일본은 미국만 동의 한다면 1년 내에 수십 발의 핵을 보유할 수 있는 능력을 갖추고 있다.

여기에 한국에서도, 비핵화 폐기와 전술핵을 재배치해야 하고, 사드를 추가배치 해야 하며, 미국의 전략자산(스텔스기, 항공모함 등)을 상시 배치하여 한미연합훈련 횟수를 증가 시키는 등 자구책을 강구해야 한다는 여론이 비등하고 있다.

심각하게 돌아가고 있는 동북아 정세를 살펴보면, 북방 삼각동맹(북 · 중 · 러)은 탄탄하게 공조하고 끈끈하게 엮여 있으면서 겉으로 튀 나지 않게 상생을 하고 있는 반면에, 남방 삼각관계(한 · 미 · 일)는 늘 파열음이 지속되고 있다. 똘똘 뭉쳐도 될까 말까 한데 물위에 기름처럼 떠돌고 있다.

여기 중심에 한국이 자리 잡고 있다. 한일 간의 역사적인 구원 때문에 사사건건 발목이 잡히고 있는 것이다. 그 원죄를 지니고 있는 일본이 독일처럼 큰 결단을 내려야만 모든 것이 풀릴 것 같은데 요지부동이다. 제2차 세계대전에서 패망 후 독일은 가장 먼저 반성과 배상에 나섰다. 1952년 룩셈부르크 협정에 따라 2012년까지 약 700억 유로(약 92조 6500억 원)를 이스라엘 정부와 개인에게 배상금으로 지급하였고, 이후 협정 개정을 통해 홀로코스트(Holocaust : 유대인 대학살)피해자 연금 지급을 확대하기도 했다. 뿐만 아니라 독일 지도자들은 사죄와 반성의 메시지를 계속 내고 있다. 전 독일 총리 빌리 브란트가 유대인 희생자 위령탑 앞에서 헌화하던 중 갑자기 무릎 꿇고 사죄를 했을 때, 세상은 '무릎 꿇은 것은 총리 한 사람이지만 일어선 것은 독일이었다.'며 찬탄했다. 이토록 독일이 애를 쓰는 것은 '기억'을 위해서다. 불편한 역사를 어물쩍 넘길 경우 다음 세대가 같은 실수를 반복할지 모른다는 공포감 때문이기도 하다. 피해자 유대인들 보다 가해자인 독일인들이 더 절박하게 역사를 기억해야 하는 이유이다.(이 글은 조선일보 칼럼해서 발췌) 이러한 불협화음을 북방관계자들은 십분 활용을 하면서 틈새를 벌리고 가장 만만한 한국을 건드리고 있다. 사드 갈등, 이로 인한 각종 보복, 남남갈등 유발, 정치, 외교적으로 무시하기, 군사적 도발, 등이 그렇다. 이 상황에 힘을 제대로 못 쓰는 정부가 동북아 균형자니 운전자니 하며 정치적 수사를 쓰고 있으니 주변 국가들은 코웃음만 지으며 아예 무시해 버리고 당사자는 주변만 맴돌고 있다.

보다 못한 미국이 중재에 나서서 대화의 장을 펼쳐준 한 · 일 간의 '피해자 할머니 해결책'을 다음 정부가 깡그리 뒤집어버리고 한 · 일 간 불협화음을 발생시켰지만 뾰족한 대안도 내지 못하고 있다. 이러한 외교사적 결례로 인해 미국도 일본도 모두 난감하게 되어버렸다. 갈 길이 점점 더 멀어지고 안개 속이다.

필자가 바라보는 남방 삼각의 원활한 결집을 위해서는, 한국이나 일본에 '통 크고 대찬 지도자가 나타나서 한 · 일 간 문제를 한 보따리로 묶어 시원하게 풀어야 하고, 한 · 일의 지금 20대들이 세차게 들고 일어나서 '미래를 우리에게 맡기라'고 아우성을 쳐 주었으면 한다. → 그렇지 않고는 중국의 대국굴기(大國崛起)를 막을 방법이 없다.'

아울러 이에 울림을 받은 찰떡 공조의 '남방 삼각동맹'이 실현되어 미래를 향해 나아가야만 겨우 '북방 삼각동맹'을 허물 수 있다.

참고로 '일본 군사전략 전문가'의 '한국 언론(조선일보 일본 특파원)'과의 인터뷰 기사를 요약해 제시를 해보기로 했다. 어쩌면 한국의 대북전략에 참고가 될 수 있겠다는 점에서 이고, 평소 필자의 지론과 유사한 점이 너무 많기 때문이다.

미치시타 나루시게(道下德成) 일본 정책연구대학원대학 교수와의 인터뷰 내용은 다음과 같다. 요약하면,

"북한이 스스로 핵을 포기할 가능성은 제로(0)"라면서 "평창 이후에도 북한은 한국에 무리한 요구를 하고, 안 들어주면 한정적인 군사 도발을 강행할 것"이라고 했다. 그는 남북대화에 대해 "독이 든 만두"라고 표현했다. 전체적으로는,

북한이 핵은 오로지 미국에 맞서기 위한 것이라고 했는데,

"물리적, 외교적으로는 미국 겨냥알지는 몰라도 근본적으로 북핵 은 한국을 겨냥한 무기다. 주변국 중 북한을 흡수할 의지와 능력을 가진 건 한국뿐이라서 이다."

평창 이후 북한이 달라질까.

"김정은도 아버지 김정일과 같은 벼랑 끝 전술을 펴고 있다.
'한 · 미 간 군사훈련을 중지하고 제재를 풀라'며 억지로 많은 걸 요구하고, 한국이 못하면 그걸 빌미로 한 · 미 · 일을 이간질하려 들 공산이 크다."

한국이 800만 달러지원을 발표한 다음날 북한이 미사일을 쐈는데

"북한은 늘 한국이 긍정적으로 나올 때 오히려 한국을 때린다. 얼마나 대화를 원하는지 테스트를 하는 한편, 남남갈등을 일으켜

한국정부가 궁지에 몰리게 하려는 의도다. 한국 입장에서 대화 제안은 '독이 든 만두다' 한국이 남북대화를 추진해야 국제사회에서 발언권이 세지니까, 독이 든 줄 알면서도 안 죽을 만큼 먹는다."

북한에 휘말리지 않으려면,

"필요 이상 감정적인 친북정책은 삼가는 게 좋다. 한 · 미 · 일 공조를 유지하면서 전략적, 계산적으로 움직여야 한다."

평창 이후 미국이 군사적 옵션을 쓸 가능성은,

"미국 국내정치가 변수다. (미국은 기본적으로 무력 해결을 원치 않지만) 러시아 게이트가 심해지면, 트럼프 대통령이 비판을 돌리기 위해 대북 군사 옵션이라는 카드를 꺼낼 수 있다."

미 · 북이 대화하면 북한이 개혁 · 개방에 나설까,

"미국과 대화를 해도 북한은 중국처럼 개혁 · 개방에 나설 수 없다. 국민에게 번영하는 한국을 보여줘야 하기 때문이다."

한국은 남북대화, 미 · 일은 대북 압박으로 국내 여론이 분열 되었는데,

"북 핵을 제거 하겠다는 게 어려워 보인다고 '북 핵을 제거 하겠다.'는 목표 자체를 포기해서는 안 된다. 한 · 미 · 일이 지금 최대한 압력을 가해야 협상에서 유리해 진다."

위안부 합의가 한 · 일 관계에 얼마나 영향을 미칠까.

"1990년대엔 일본 국민 사이에 '1965년 국교 정상화 때 정부 차원에서 해결 했을지 몰라도, 국민 차원에서 사죄한 적은 없다'는 공감대가 있었다. 이제는 미안한 감정이 줄어들고 너무한다'는 감정이 그 자리를 채웠다. 한국이 요구해 사과 했는데, 정권이 바뀌면 '지난번 해결은 반민주 세력이 했으니 다시 하자'고 한다. 일본 정부는 원칙대로 하겠다는 입장이다. 국민감정은 그 보다 더 강하다."

일본도 카드가 마땅찮아 보이는데.

"사실 마땅히 없다. 레슬링으로 치면 한 · 일은 피차 서로 제압할 결정적인 기술이 없다. 원하건 원치 않건 협력 이외의 선택지가 없다. (상대가 자신을 해칠 수 없다는 걸아니까) 오히려 안심하고 싸운다. 한 · 일의 패러독스(paradox : 역설적인 것/상황)이다.

앞서 필자가 언급했듯이 위 인터뷰 내용에 대해서는 전반적으로 수긍을 하지만, 한 · 일 문제에 대해서는 다소 다른 견해를 가지고 있다. 일본의 '사과 문제'에 대해서 '언제 한 번 했으니 끝이다.'라는 데 동의를 하지 못한다. 독일이 지금까지 해 오듯(바뀌는 총리 마다 유태인에게 사과를 하고 있다.), 일본 정부 또는 국민은 틈만 나면 시기와 장소를 불문하고 진심어린 마음으로 한국인에게 사과를 해야만 한다.

한국에서 '이제 그만 하세요' 할 때 까지 ...

이렇듯 한국인에게는 뼈에 사무치는 깊은 한이 서려 있다는 것을 알았으면 하고, 동시에 한국 젊은이들은 '한은 묻고 꿈은 펼치는' 미래를 밝히고자 하는 대승적(大乘的)인 시대정신이 있다는 것, 또한 알아주었으면 한다.

제3부

해결하는 길

제1장 단방(군사적)에 해결하는 길

- 제한된 선제공격 : 선제타격
- 미국 단독공격 : 예방타격

제2장 긴 호흡으로 주저앉히는 길

- 한 · 미 · 일 군사적 협력으로
- 한국 스스로 제재/자구책 강구

해결에 들어가기 전, 잠깐 !

도널드 트럼프 미국 대통령은, 2017년 9월 UN 총회 기조연설에서 '미국이 북한으로부터 위협을 받게 되면, 북한을 완전히 파괴하겠다.'는 대북 경고 메시지를 발표했다.

미 국방부는 2018년 1월 2일 "북한의 어떤 공격도 정권의 종말(end of regime)로 귀결 될 것"이라는 강경 입장을 담은 '핵 태세 검토보고서(NPR : Nuclear Posture Review)'를 발표했다. 보고서에는 북한의 지하 군사시설 파괴 등에 사용할 수 있는 '실전용 저강도 핵무기(국지적 파괴를 위한 소형 무기)' 개발 계획도 포함됐다.

전쟁은 정치 지도자의 정치적 야욕에서 비롯되지만, 그 지도자는 상대 국가 '국민의 나약한 구석'을 바라보고 전쟁을 일으키게 된다. 그렇다면 미국 국민의 나약한 구석은 무엇이며, 북한 인민의 나약한 구석은 어디인가?

여기에서 양국은 현격한 차이점이 발생하게 된다.

미국은 전쟁을 두려워하고, 특히 미 본토에 핵폭탄이 떨어진다는 것에 상상 조차하기 싫어하고 있다. 반면에 엄청난 장점 중에 하나는 '국가안보에 정론 생산지가 국방성이다.'라는데 대하여 한 점 의혹이 없다. 미국 국민이 신뢰하는 1 순위가 바로 군대로 나타나고 있는 것이 그것을 증명하고 있다.

바꾸어 말하자면, 미국이 전쟁전략만 잘 수립해서 북한이 손 쓸 틈을 주지 않고 기습적으로 제거를 해 버리면 미국 국민들은 어떠한 전쟁 비용도 감당할 수 있는 국민적 의지가 준비 되어 있다는 결론에 이르게 된다. 이것은 총력전에 형태를 띠고 있는(전장에 투입되는 장수와 군대가 국민의 절대적 신뢰를 받는다는 것.) 현대전에 있어서 승리에 결정적인 요인이 된다.

반면에 북한은, 현대에 들어와서 미국이 상대한 베트남 전, 이라크 전, 아프가니스탄 전과는 180도 판이한 성격의 전쟁 상대이다.

군사력에서나 국민정서(싸우면 이길 수 있다.), 전장의 상황(지형, 기상, 설치된 장애물〈천연/인공〉, 도로망 등)은 위 세 개 국가들과는 게임이 안 될 정도로 언제든지 전쟁할 수 있는 상태로 준비가 되어 있다.

뿐만 아니라 대량살상무기가 갖추어져 있고, 무엇보다 확실한 동맹인 두 나라, 중국과 러시아가 국경을 맞대고 있어 특별히 전쟁을 준비 할 시간이 필요치 않을 정도로 곧바로 전장에 투입될 수 있다.

미국이 가장 두려워하는 것은, 북한 인민의 나약한 구석을 발견할 수 없다는 점이다. 혹자들은, 북한 인권이 열악하고, 삶의 질이 떨어져 있어서 김정은 호위 집단과 인민을 쉽게 분리시킬 수 있을 것이라 생각하고 있으나 위험천만한 생각이다. 북한 인민 대부분이 외부 세계와 차단이 되어 있고 '사고의 고착' 현상이 있다. 즉 우리는 우리끼리 잘 살 수 있는데, 미국, 일본, 남조선이 야합해서 우리를 못살게 굴고 있다. 이런 생각이 주종을 이루고 있기 때문에 북한이 또는 수령이 위난에 처했다고 생각하는 순간 어느 국가에서도 찾아보기 힘들 정도로 빠른 시간에 전쟁 상태로 돌입할 수 있다. 비유적으로 말하자면 북한 인민들은 삶 그 자체가 전쟁이나 마찬가지란 얘기다. 만약 북한 지역에서 전쟁이 일어난다면 미국의 대량살상무기가 압도적인 파괴를 할 수 있겠지만 마지막 평정작업은 지상군이 해야 할 텐데 국가 전체가 하나의 '병영집단'인 북한 전 지역을 평정하기 위해서는 많은 손실을 감수하든지 아니면 궁극적으로 실패를 할 수도 있다. 사례를 들면, 아프가니스탄과 같은 북한 보다 한수 아래 국가와의 전쟁도 2001년 11월에 시작해서 아직까지 끌고 있고, 베트남과의 전쟁에서는 1965년 시작해서 1975년에 패하고 철수한 기록이 있다.

특히 북한이 보유하고 있는 20만 명에 이르는 특수부대는 현존 지구상 어느 국가도 보유하지 못한 가공할 정도의 능력을 보유하고 있다. 미국은 이 정도의 정보판단을 할 수 있는 국가이기 때문에 압도적인 무력으로 제압을 하겠다는 결심을 쉽게 할 수가 없다. 더욱 문제가 되는 것은 일반적으로 특수부대의 능력을 평가할 때에, 보유하고 있는 장비의 수준이 아니라 적 지역에서 얼마나 오랜 기간 머물 수 있느냐 하는 것인데 미국이나 한국 의 특수부대가 북한 지역에서 장기간 머문다는 것은 사실상 불가능에 가깝다. 이유는 북한 주민들의 신고정신 때문이다. 하지만 굳이 북한의 나약한 구석을 꼽으라면, 경제력의 악화로 인한 장기전(1년 이상)에 취약하다는 점인데, 그러나 이 또한 다른 변수가 있다. 북한은 아무리 경제가 어려워도 기본적으로 3~6개월의 전쟁비축물자(식량, 유류, 탄약, 각종장비의 수리부속 등)는 항상 구비하고 있다. 때문에 북한은 전쟁을 계획할 적에 늘 '단기 속결 전'을 앞세우고 이를 북한의 군사전략에 최우선 과업으로 추진하고 있다.

일부에서 북한이탈 주민이 많이 발생하고, 휴전선의 군인들이 귀순하고, 북한 주요 직위에 있는 사람들이 이탈 하는 모습을 보고 북한 핵심과 인민 대중을 쉽게 분리할 수 있을 것이라 여기지만 이 또한 북한 실정의 극히 일부분이고 망상에 지나지 않는다.

필자가 중점을 두고 있는 해결 방안은,

위 두 가지 방안 중에서 **'단방에 무력으로 해결'**하는 것 보다, 필자의 평소 지론인 **부전승(不戰勝:싸우지 않고 이기는 길)**하는 길을 택하는 방안으로써, **긴 호흡으로 주저앉히는 길을 채택**하기로 하였다.

북한 인민과 북한 이탈 주민을 생각한다면, 단방이지만, 단 1%의 결과 즉, 한반도 남쪽이든 북쪽이든 "핵"이 투발되는 일은 막아야 되겠다는 깊은 일념이 자리 잡고 있기 때문이며, 그렇다고 해서 마냥 맥 놓고 풀어주자는 것이 아니라 필자의 출간 서적 "국운 – 한반도전쟁 무서워하지 마"에 기술되어 있듯, 더 센 조치만이 〈김씨 왕국〉을 조기에 종식시키고 북한 동포를 해방시킬 수 있다. 는 필자의 해결 방안에, 좀은 더디겠지만 남다른 발상으로 해결하는 방안이 제시 되어 있다.

제1장
단방(군사적)에 해결하는 길

개 요

미국과 한 · 일이 연합하여 '기습작전(상대가 예상치 못하는 시간, 장소, 방법으로 공격)'을 성공 시킨다면, 쌍방 간에 피해를 최소화하면서 북한 정권을 무너뜨리는 소기의 목적을 달성할 수 있다. 이론상으로는 이렇다는 얘기다.

이 거대한 작전(동원되는 무기 및 장비, 지상군의 움직임 등)을 전개함에 있어서 상대가 알아차리지 못하도록 한다는 것은 거의 불가능에 가깝다. 더구나 3국이 연합해서 군사력을 동원해야 함으로 언제 어디에서 기도가 노출 될지 빈 공간이 너무나 많다. 그러나 방법이 전혀 없는 것은 아니다.

바로 한 · 미 · 일 연합 군사훈련 이다.

이른바 매스컴을 통해서 우리가 자주 접하게 되는 "키 리졸브나 독수리 훈련 등" 미국의 전략자산과 지상군이 대거 동원되어 한국군과 연합훈련을 하는 것을 말한다.

이것은 국제관계에서 동맹국가 간에 합법적으로 이루어지는 군사력의 동원이며 계획된 시나리오(선제공격)에 의한 군사력의 전개가 이루어짐으로써 북한은 예측하고 긴장은 하겠지만 시나리오 내용을 모르기 때문에 그에 상응하는 군사력 동원은 거의 불가능하다. 왜냐하면 이러한 연합 군사훈련의 횟수가 잦은 관계로 때 마다 대응한다는 것은 막대한 국력의 손실과 함께 북한 군인과 인민들의 피로감이 증대되어 즉각적인 대응태세 돌입에 집중을 할 수 없다. 그래서 **북한 김정은은 한 · 미 연합 군사훈련이 있을 때 마다 지하 벙커로 대피를 하고, 외부 움직임과 동(動) 선(線) 노출을 피하는 이유이다.**

북한 김정은 군사집단이 핵과 미사일 발사 실험이 빈번하고, 고도화 되면서 ICBM이 궤도 진입에 성공했다는 정보가 확정이 되는 순간 미국의 태도는 돌변할 수 있다.

특히 김정은이 2018년 신년사에서 '미국을 공격하겠다는 굳은 결의를 발표'한 것, 이 또한 미국 트럼프 정부의 인내심을 자극하게 된 것으로써 북한 정권을 제거하는 '단방 전략'이 현실화 되는 빌미를 제공하게 된 것이다.

미국의 '핵 단추, 나아가 군사적 옵션'이 서서히 가까워지고 있을 수 있다.

미국 언론에서 자주 거론되고 있는 "코피 터뜨리기 작전(Bloody nose strike)" 은 제한적 선제공격으로 북한에게 경고 메시지를 보내겠다. 는 것이다. 즉 이 정도 작전(핵을 제외한)으로 북한이 항복을 하면 피차간에 큰 무리 없는 결과를 가져올 수 있지만, 만약에 북한정권이 '우리는 벼랑 끝에 몰렸다.'며 선언하고 반발하여 전황이 확산 된다면(핵 및 화생무기, 휴전선 상의 방사포 다연장포 동원) 걷잡을 수 없는 상황이 전개될 수도 있다.

필자는 본서를 전개해 감에 있어서 이 후에는 **"코피작전"**이란 용어를 사용하지 않기로 했다. 용어가 우리 정서에 맞지 않고 학자들의 전쟁놀이와 유사한 감이 있다. 마치 '동네 어린이 싸움'과 같은 이미지가 풍기고 있기 때문이다. 앞으로 "제한된 선제공격"과 "미국 단독공격"으로 서술할 계획이다.

첫째, 제한된 선제공격 : 선제타격

둘째, 미국 단독 공격 : 예방타격

제한된 선제공격

개념 : '선제 타격'으로써, 상대방이 대량 살상무기(핵, 미사일, 화학 및 생물학 무기)사용이 명확하다는 징후가 표착되었을 때 표적을 선별하여 제한적으로 타격하는 다소 덜 적극적인 공격을 말한다.

배 경

→ **"실제 상황과 가상 상황을 혼합해서 전쟁 직전의 분위기를 연출 한 것임을 알려 둔다."**

"제23회 2018 평창 동계 올림픽 경기 대회"가 종료되고 이어서 연기 되었든 한미연합 군사훈련이 대대적으로 전개되고 있다. 그동안 북한 선수단과 응원단의 참가와 개막식에 동시입장 등을 협의하는 과정에 '북한 핵'에 관해서는 일체 언급이 없었다. 북한의 특별 주문이 있었기 때문이다. (자꾸 거론하면 평창 올림픽 참가는 끝이다. 알아서 하라.)

북한은 한 · 미 연합 군사훈련을 영구히 종식 시키라는 말만 반복하고 북한의 평양 대규모 열병식은 계획대로 진행 하였다.

북한의 태도는 한마디로 한국정부 정도는 마음대로 가지고 놀 수 있다는 자신감이다.

올림픽 이후 한국정부는 북한과의 대화를 이어가기 위해서 다양한 채널을 통해 접촉을 시도하였다. 특히 올림픽 참가단을 이끌고 내려온 김영남(북한 최고인민회의 상임위원회 위원장), 김여정(노동당 중앙위원회 제1부부장, 김정은 여동생), 최휘(노동당 부위원장, 체육지도위원), 리선권(조국평화통일위원회 위원장)일행과는 수차례 회동을 하면서 김정은의 방북 요청 친서도 전달 받고 대화를 통해 한국정부의 뜻도 전달하였다. 여건이 성숙되면 내친김에 남북 정상회담까지 해 보려는 야심찬 시도를 물밑으로 추진하였다.

그 일환으로 올림픽 폐회식에는 김영철(통일전선부장, 정찰총국장 출신)을 단장으로 하는 6명의 참석자를 내려 보내기로 하고 그 속에는 대미전략 담당자도 포함시켰다. 때 마침 미국 참석자로 트럼프 대통령의 장녀 이방카(백악관 선임고문 역) 일행이 참석하게 됨으로써(대북 전략 담당자 포함) 미 · 북 대화도 자연스럽게 물밑 성사될 것으로 예상되며, 미국 국무부 대변인은 이번 대화가 북한 핵 해결의 단초가 되길 기대한다고 하였다.

참고로 "북한 정찰총국은, 북한의 대내외 특수 공작의 총본산으로써 그동안 한국에 저질은 온갖 공작(1968.1.21 청와대 무장공비 습격 사건, 1996 강릉 잠수함 침투, 1987 KAL기 폭파, 1983 아웅산 국무위원 테러, 천안 함 폭침 사건 등)을 기획 집행한 곳이다.

이곳에 수장이었던 원흉이 한국 땅을 공식적으로 밟으면서 고도의 정치공작을 펼치고 있다."

남북관계는 번갯불에 콩 구어 먹듯 일사천리로 진행되어 가고 있다. 급기야는 한국 측 대표단이 북한을 방문하게 된다.

정의용(국가안보실장)을 단장으로, 서훈(국가정보원장), 김상균(국가정보원 2차장), 천해성(통일원 차관), 윤건영(국정상황실장)이 1박2일 일정으로 북한을 방문하게 되었다.

방문을 마치고 돌아온 일행은 귀국보고를 하는 자리에서 남북정상회담 일정도 못 박았고, 북한은 핵을 폐기할 의사가 있다면서 체제유지와 위협으로부터의 보장이 선행되어야 한다고 했다. 한 · 미 연합 군사훈련의 예년 수준 진행에 동의 한다고도 하면서 핵 실험이나 미사일 발사 실험 등은 대화가 진행되는 동안에는 없을 것이라고도 했다.

북한이 무언가에 무척 쫓기고 있는 것이 분명한 회담의 결과이다. 따라서 진정성에 염려가 되고 있다. 이 기간 동안에 이미 개발해둔 결과로, 즉 임계전 핵실험(Subcritical nuclear test)이란 과정을 통해 얼마든지 실험 없이 핵과 미사일의 고도화 과정을 그칠 수 있기 때문이다. 북한은 한동안 통미봉남 전략을 구사할 때도 남조선쯤은 언제라도 불러내면 나올 수 있다는 자신감에 차 있었기에 미국이 대차게 나오는 이런 시점에서 한국을 지렛대로 높은 파고를 넘으려는 계산이 숨어 있다. 이에 한국은 하급기관 마냥 북한의 의

중을 미국, 일본, 중국, 러시아를 돌아다니면서 김정은의 감응까지 함께 전파를 해 주겠다며 특사를 자처해서 파견하고 있다.

다행인지 불행이 될 수도 있을는지 모르나 특사 파견은 예상을 넘어 곧바로 수용이 되고 트럼프와 김정은의 만남까지 약속이 되고 있다.

격변하는 동북아 정세와 김정은의 예상 밖 행보에 당황한 중국은 가만히 앉아만 있을 수 없었다. 급히 김정은을 중국으로 초청하여 그간 소원했던 양국관계를 설명하고 이어서 다롄으로 또 다시 베이징으로 연이은 초청을 통해 끊임없는 지원을 약속하는 큰 선물 보따리를 김정은에게 안겨 주었고 김정은은 앞으로 있을 남북, 북미 대화에서 더욱 탄력을 받게 되었다.

■중국 시진핑은, 미국과 국제사회가 제아무리 대북압박을 하드라도 마음만 먹으면 얼마든지 북한을 지원(식량, 유류, 생필품 등) 할 수 있다. 이것을 김정은도 알고 있기에 두 사람이 만날 수 있었다. 그러니까 서로 윈윈 한 셈이 된다.

문제는 한국정부가 난처하게 되었다. 운전자, 중매쟁이 등 표현으로 자신감을 표출 했지만, 김정은에게 그 공을 다 넘겨 준 꼴이 되고 말았다.

남북회담 결과를 설명하는 자리에서 야당지도자들은 대통령 외교, 안보특보의 돌출적인 발언이 한 · 미간에 갈등을 고조시킨 책임을 물어 해임을 해야 한다고 했다. 대통령은 정부 내에서 다양한 의견이 나오는 것을 수용하고 싶다고 했고, 야당과 같은 의견을 내는 사람을 둘 수 없지 않느냐며, 사실상 특보의 행위를 수용한 셈이 되었다.

앞서 필자가 언급한바 있듯이 외교안보 분야는 다양한 의견이 나올 수는 있되 곧바로 하나로 통일이 되어야하고 특히 동맹 국가에게 혼선을 야기 시키는 일은 절대 있어서는 안 된다.

그러나 북한은 개성공단 재가동, 금강산 관광 재개, 한 · 미 연합군사훈련 영구 중단, 전시작전통제권 환수와 한미연합사 해체, 나아가 주한미군 철수, 종전 선언과 북미수교 및 평화협정 체결을 요구하면서 지금까지 중국으로부터 70% 이상 무상지원 받고 있는 유류, 식량, 전기, 생필품에 대해서 미국이 일정부분 책임져 줄 것도 넌지시 던지고 있다. 핵 폐기는 아예 거론조차 하지 않고 거리 두기를 시작했다. 특히 반발이 심한 곳은 미국과 일본이다. 핵 폐기가 선행되지 않는 대화의 진전은 김정은에게 시간만 벌게 하고, 국제공조까지 흐트러질 뿐만 아니라 남남 갈등 또한 증폭되리라는 심각한 여론이 조성되고 있었다.

그럼에도 불구하고 한국정부는 더 매달리기 시작한다. 운전자 역할을 할 절호의 기회가 온 것으로 판단하고, 용어를 조금 정리하여 미국과 북한 간에 '중매쟁이 역할'을 한다고 부산을 떨며 정부는 정부대로 비선은 비선대로 북한 입맛에 어울리는 정치 외교적 수사를 남발 하고 있다.

평창 올림픽에 참가하는 '북한 선수나 응원단들이 체제선전 수단으로 동계올림픽을 활용하면 그렇게 하도록 두면 된다고 했다.' 얼른 보기에는 바다와 같이 넓고 깊은 포용력이 있는 것으로도 보이고, 40배 경제력 우위의 자신감 같기도 하지만 만용에 가까운 허세이고, 청소년 세대들에게 그나마 갖추어 놓았든 국가 안보관이 삽시간에 허물 질 수도 있으며, 친북 성향 교직자들에게 두고두고 써먹을 수 있는 유용한 교육재료를 합법적으로 제공해 주게 된다. 바로 이런 것이 공산주의자들의 즐겨하는 전형적인 '평화공존전략이고 통일전선전술'인 것이다.

즉, 선전선동으로 상대 진영에서 전혀 눈치 채지 못하는 사이에 혼란을 일으키고 갈등을 부추겨서 상대(북한)를 위협적이고 위험적인 대상으로 인식하지 못하게 하여 스스로 방비를 느슨하게 풀게 만드는 고도의 기술을 말한다.

이로 인해 젊은이들에게는 신성한 국방 의무에 대한 존엄성이 사라지게 되고 마침내 짜증스럽고 인생의 공백기로 여기게 만들어버리는 그야말로 우리 눈에 전혀 나타나지 않고 낌새를 알아차리지 못하게 하는 그들만의 전술, 지구상에 유일하게 남아 있는 '비상한 평양전술'로서 자유분방한 우리네 청춘들에게 아무 거리낌 없이 활용되어 일상 속으로 스며들고 있는 것이다.

주로 정치인, 교수, 종교인, 문화 예술인, 방송인 등 이른바 인격체라는 집단에서 그 직책(업)의 사회적 신망을 업고 대중과 청소년을 현혹시키는 사례로 많이 활용하고 있다. '요 주의 인물'들이란 점을 알아야 한다. 그 실태를 예로 들어보면, 정부의 좌편향 정책에 대한 옹호나, 북한집단에 대한 동조의 발언과 행위를 하고도 교수의 개인 생각이라든가. 예술적 표현 또는 국민의 알 권리 충족 등으로 얼버무리는 유형들을 말한다.

특히 가장 우려스러운 발언은 '주한 마군도 대통령이 나가라 하면 나가야 한다.'는 급진적인 발언이다. 국가 간 협약에 의해 체결된 한미상호방위조약을 근거로 주둔하고 있는 미군을 자기 집에 세 들어 살고 있는 세입자 정도로 생각하고 있는(계약 기간 동안은 내쫓을 수 없음) 낮은 수준의 대통령 외교안보 특보를 방치하고 있는 국가안보의 상황을 우려하지 않을 수 없다. 북한의 비핵화 처리에도 단계적으로 하면서 '줄 것은 주고, 받을 것은 받는 과정이 필요하다'고 했다. 미국의 제재 기류와 상반된 발언을 하고 있는 것이다.

한편 북한은 최근 미국 강경파들이 쏟아내는 공격적인 발언에 무척 예민해 졌다. 게다가 트럼프 대통령의 2018 연두교서에서 북한을 더욱 압박하겠다는 발언과 함께 북한 인권문제를 다시 들고 나오면서 국제사회의 동참을 호소하는 것에 대한 강력한 반박조의 중앙방송 보도(시급히 정신 병동에 가두어야 할 미치광이, 올림픽 끝나자마자 군사연습을 재개한다면 한반도 정세는 또 다시 엄중한 파국 상태로 되돌아갈 수밖에 없다.)를 쏟아내면서 물밑으로는 미국과의 대화를 주문하고 있다. 어떻게든 살아갈 길을 모색해 보려는 작은 몸부림으로 생각된다. 대화 제의의 진정한 속내는 '김정은 군사집단이 먼저 선제공격을 할 의도는 없다.'는 것을 말하고자 함이고, 더욱 관철 시키고 싶은 것은 '핵 폐기는 어렵고 핵 동결 까지는 가능하다.'는 것을 협상 테이블에 올려서 제재와 압박을 완화 시켜 일단 숨통부터 터고 보자는 시도인 것으로 보인다.

미국 입장에서는 드디어 가시적인 성과가 나타나고 있는 것으로 평가 하면서 표정관리에 들어가기 시작한다.

북한은 나름 자존심을 구기면서까지 대화 제의를 했으나 워싱턴발 들리는 소리는 연일 '전략적 인내심은 끝났다.' '북한 내 인권 문제가 최악이다.' 며 윽박지르고 '군사적 옵션만 만지고 있다.'며 으름장을 놓고 있다.

미국이 요구하고 있는 것은 대화를 하되 '핵 폐기가 전제되는 대화를 하자.'는 것이다. 과거 6자회담과 같이 변명만 틀어 놓고 아무른 성과 없이 시간만 벌려고 하는 모임은 더 이상 필요 없다는 것이다. 미국은 지난 정권들이 북한에게 시혜를 베풀 듯이 온갖 투정 다 들어주는 지루한 모임은 더 이상 없다는 것을 분명히 못 박고 있다.

북한은 중국과 러시아의 옆구리를 찔러서 미국의 입장 변화를 노렸으나 그 또한 아무른 약발이 먹히지 않자, 평창 올림픽을 계기로 하여 한국과 대화 통로를 열어 미국과의 연결을 시도 해 보았으나 미국은, '올림픽은 올림픽이고, 안보는 안보라는 선을 그었다.' 한국정부는 평창 올림픽 동안 북한과의 대화가 오히려 한 · 미간에 북한을 바라보는 시각에 큰 차이만 벌렸으며 정부 수립 이후 한미동맹에 균열 조짐이 가장 크게 나타나고 있는 것으로 국제관계 안보전문가들의 공통적인 견해를 내 놓고 있다.

이러한 조짐은 심각한 수준을 상회하고 있다. **한국은 한미동맹을 근간으로 해서 모든 문제를 풀어가야만 한다.** 지금 한국정부를 이끌고 있는 정부는 좌파, 진보 정권이다. 정권을 유지하는 동안 국가안보의 현주소를 알아야하고, 과연 한반도의 운명이 누구에 의해 좌지우지 되고 있는 것인지 한시바삐 판단되었으면 하는데, 감을 잡지 못하고 국민 여론을 등에 업고 움직이는 모습이 곳곳에서 나타나고 있다.

가장 중요한 부분은 북한과의 문제를 대화로 풀어 보고자 하는 움직임이다. '일반적 논리로는 맞는 얘기이다.' 그러나 국정운영은 최소한 '빅 데이터'를 근거로 해야만 한다. 즉 정부 수립 이후 70여년이 흐르는 동안 북한은 단 한 번도 약속을 지킨 적이 없고, 한국으로부터 얻고자 하는 것만 얻고 모두 팽개쳐 버렸다. 특히 무뢰한 것은 수많은 인명 살상(KAL기 폭파, 아웅산 묘역 폭파, 천안 함 폭침, 연평도 포격 및 해전 등) 이 있었지만 단 한 번도 사과한 적이 없다. 이 쯤 되면 모든 게 다 들어 났는데도 미련을 버리지 못하는 것이 아쉽다.

좌파 정부가 들어설 적에 많은 국민들은 다른 것은 몰라도 남북 문제만은 가장 잘 풀 것으로 판단했고 또한 그렇게 약속을 했었다. 하지만 지난 정권 중에 가장 많은 북한 미사일 발사되었고 핵실험이 전개되었다. 더구나 김정은 군사집단은 '핵 무장 완성'이란 선언을 대내외적으로 하였다. 이게 무엇을 뜻하느냐 하면, 100% 한국 정부 무시이고, 너희는 게임 대상이 아니다. 언제든지 내가 주문하는 데로 마음 놓고 조종할 수 있다는 자신감의 표출이란 것을 이제 우리 모두는 알아야만 한다.

전쟁은 여론 60%가 넘었으니 하자 말자, 다수결에 의해 $\frac{2}{3}$가 찬성했으니 하자 말자 이런게 아니다. 국가이익에 상충되면 그냥 밀어붙이게 되어있다. 여론 좋아하다가 '신선 놀음에 도끼 자루 썩는 줄 모른다'는 속담을 새길 필요가 있다.

북한은 평창 올림픽 참가로 최소한의 대남전략과 국제관계 분위기 조성은 성공한 편이다. 남남 갈등과 북한을 향한 이상주의 확산, 그리고 국제적으로 평화추구 지향 모습을 전파하는 것은 다행스럽게도 한국 정부의 적극적인 도움으로 소기의 목적을 달성 했다.

그러나 원래 추구했던 미 · 북 대화를 통한 핵보유국 지위에 상응하는 위상 확보에 실패를 함으로써 더 이상 전망이 밝지 않음을 이제 완전히 알아차린 듯하다.

이제 남은 것은 수많은 제재와 압박, 앞으로 더 고삐를 당길 미국의 단독제재와 군사적 옵션 등 높은 파고를 넘길 일이 아득함을 느끼면서 북한 내 강경파들의 고뇌에 찬 비법 창출에 고심을 하게 된다. 무엇으로 미국의 간담을 서늘하게 할 약발이 나타날까!

김정은은 비장한 결단을 내리기로 하였다.

김정은은 이제, 나름 국제관계 흐름을 읽을 수 있고 인재 등용도 마음껏 소신대로 할 수 있으며, 북한 내 모든 전략자산의 실태도 완전히 파악 된 상태이기 때문에 특별한 도움 없이 단독으로도 국가 운명을 결심 할 수 있다.

국난을 극복할 수 있는 '신의 한 수'는 없을까.

김정은은 "북한 건군 70주년(2018.2.8.)" 경축 연설을 통해 먼저 전군 전 인민 총력전 태세를 다음과 같이 독려하였다.

"미국과 그 추종 세력이 조선반도 주변에서 부산을 피우고 있는 현정세하에서 인민군대는 고도의 격동 상태를 유지하고 싸움 준비에 더욱 박차를 가해 나가야 한다."

"침략자들이 조국의 존엄과 자주권은 0.001mm도 침해하거나 희롱하여 들지 못하게 하여야할 것."

"모든 군종, 병종, 전문부대들에서는 자기 손에 틀어 쥔 무장 장비들에 정통하고 전문 수준을 높이기 위한 훈련을 다그쳐 임의의 작전 공간에서도 고도의 기술전을 치를 수 있는 준비를 갖추어야 한다."

이러한 결심의 배경에는,

백번을 생각해도, 미국이나 국제사회가 주장하는 '핵 폐기'를 전제로 하는 대화의 물꼬를 틀자는 요구는 도저히 받아드릴 수 없다. 이는 이미 전례가 들어나 있기 때문이다. 리비아 카다피 대통령이 미국의 핵 폐기 요구를 들어 주었다가 정권유지를 못하고 참혹하게 사망한 전례가 있고, 우크라이나의 크림반도 역시 핵 폐기를 하면 미국과 EU는 관할권 보호를 해 주겠다고 했지만 러시아의 강제 합병작전으로 잃고 말았다.

어떠한 체제보장 약속도 믿을 수 없다는 관념이 깊게 각인 되어 있다. 즉, 핵을 보유하고 있었다면 결코 일어날 수 없는 사건들이라는데 확신을 가지고 있다.

한 마디로 '전쟁 준비'를 선포한 것이다.

더욱 중요한 것은 북한 인민이나 군대에게는 이 연설을 시발로 '결사 옹위'의 임전태세가 갖추어 진다는 점이다.

김정은의 명령만 내린다면, 스스럼없이 불구덩이로 들어갈 수 있는 지구상 유일한 국가이며 늘 전쟁준비가 되어 있는 나라, 지금 북한의 삶이 국가 지도체제에 문제가 있는 것이 아니라 미국을 비롯한 그 추종 세력들의 호전성 때문인 것으로써, 모든 책임을 외부로 돌려놓았다는 것이 '전쟁을 결코 두려워하지 않는다.'는 비상한 국가체제로 만들어 놓게 되었다. 이러한 총력전 태세가 전쟁 당사 국가들을 초조하게 만드는 이유이다.

전쟁 서막

북한 전쟁지도본부의 움직임이 빨라지기 시작했다.
미국 정보자산들의 움직임도 빨라지기 시작했다.

북한의 전쟁 기획은 예상외로 소박한 느낌을 주고 있다.

북한의 전매특허인 기습작전의 틀을 벗어나서 전략적으로 '공세적 방어(먼저 방어 형태를 하다가 전황에 따라 공격적으로 전환하고자 하는 형태)작전' 형태를 선택하기로 했다. 이유는 어떻게든 미국과 대화로 풀어보려는 의지를 끝까지 놓고 싶지 않은 소망이 내포되어 있는 작전형태를 선택하다 보니 다소 소극적인 작전형태를 취하게 된 것이다.

말하자면, 전쟁의 결과가 국가의 운명과 결부 짓게 될 수도 있겠다. 승리하든 패하든 엄청난 상처로 남게 되어 다시 과거 1950년대 조선반도전쟁 즈음의 국가 모습으로 회기 될 수도 있겠다는 우려가 있기 때문에 가능하면 전쟁 없이 현 체제를 지속하는 편을 원하면서, 만약 미국의 선제 도발이 있다면 그 때는 가용한 모든 수단을 동원하겠다는 다소 수세적 움직임을 택하기로 한 것이다.

북한 전쟁지도본부의 전쟁 기획 방향은 이렇다.

첫째, 특수부대+한국 내 고정간첩과 친북좌파 세력을 동원하여

'평택 미군기지'를 점령한 후에, 한국 주둔 미군과 그 가족을 인질로 '협상과 타협'을 주도 한다.

둘째, 한국 내 일본인들의 조선반도 이탈을 차단하기 위해 주요 항만과 공항을 점령한다. 그래서 일본의 경거망동을 차단 한다.

셋째, 북한이 보유하고 있는 모든 미사일과 핵, 장사정포 등을 즉각 가동할 수 있는 준비를 갖춘다. 미국의 선제타격에 대한 요격에 중점을 두고, 즉 국제 여론을 의식해서 '먼저 맞고 난 후에 행동을 하겠다.'는 의지의 표현이며, 한국에서 활동하는 특수부대의 작전경과에 따라 발사 등 확전 여부를 결정한다.

넷째, 김정은의 전쟁지도본부 위치를 사전, 신속하게 움직여서 국경 밖으로 옮겨 놓는다.

다섯째, 한국정부를 최대한 겁박한다. 겁이 많은 한국 진보 좌파 정권을 흔들기 위해서 DMZ 내 국지 기습, 서해 5도 기습, 중국 내 한국인 납치, 소규모 해킹 등 미국의 신경을 건드리지 않는 범주 내에서 불안감을 조성시킨다.

그래서 한국정부가 나서서(한국 기업의 미국 진출 및 투자 뒷받침, 느슨한 FTA 협상, 느슨한SOFA 협정, 무기 구매 확대 등) 미국의 격앙된 분위기를 누그러뜨릴 수 있도록 유도 한다.

이와 병행해서 국제 여론을 감안한 미사일 발사 실험이나 핵실험 등을 일체 중단하고, 대신 실험 없이 이미 갖추어진 기술로서 핵무기의 소형화와 고도화를 지속하고, 미사일의 위치를 다변화하는 기술 개발을 지속하기로 했다.

북한은 위 시나리오에 맞춰 차근차근 무리 없이 작전을 진행하면서 한국정부와는 끊임없이 대화를 이어가고 동시에 북한 군부는 치고 때리고, 김정은은 나서서 유화의 손짓을 하는 이중 플레이를 감행하기 시작했다.

미국의 고도 정보 자산이 총 가동을 하면서 북한의 낌새를 파악하기 시작 한다. 그러나 한국정부에게는 일체 정보전달을 하지 않고 내부적으로 군사적 옵션을 만지작거리기 시작한다.

미국 워싱턴에서 한 · 미 · 일 외교, 국방 장관 회의를 개최하기로 한다. 외부적으로는 북한 제재에 대한 중간 결산과 그 효과를 분석하는 모임이지만 실제는 한 · 미 · 일 연합 군사훈련에 관한 내용이 주목적이다.

미 국방성 전쟁기획 담당자는 이미 그 동안 수집된 정보자료를 기초로 모든 옵션을 다 만들어 놓고 양 국가에게 일방적으로 통보하는 자리가 되었다.

5박 6일 간의 연합 군사훈련으로 하고, 미국의 육해공군 해병대, 일본의 해군과 공군, 한국군의 육해공군과 해병대가 참가하는 대규모 군사훈련을 집행하기로 결정했다.

훈련지역만 한반도 동해 지역일 뿐 가상표적은 모두 북한 핵, 미사일, 장사정포와 예상되는 전쟁지도본부, 주요 통신시설로 지정되어 있다. 즉 D. H(Day of Attack. Hour : 공격개시 시간) 만 지정하면 곧바로 훈련에서 북한 정권 전복작전으로 전환 할 수 있다는 것을 강조하였다.

아울러 보안유지를 위해서 각국 의회를 비롯한 모든 기관에는 선타격 후 통보 하는 것으로 하였다.

각국 외교라인은 UN을 비롯하여 주재 국가들에게 그동안 수집된 북한의 동향을 상세히 설명하고, 북한의 선제 움직임이 있기 전에 그 싹을 도려내고 동맹국과 미국 국민과 군대를 보호하기 위한 어쩔 수 없는 선택임을 분명하게 알리도록 하였다.

이번 작전은 한 · 미 · 일 연합군사훈련에 동원된 전략자산 만으로 진행하고, 각국은 훈련 지역과 자국에서 차후 명령을 대기하기 바란다고 하였다.

아울러 한국 주둔 미국과 일본 민간인들은 계획된 시나리오대로 철수하도록 하였다.

미국의 전쟁 기획 방향은 이렇다.

첫째, 미 태평양지역 사령관 책임 하에 한 · 미 · 일 연합 군사훈련에 동원된 전략자산을 지휘하여 전쟁을 종결시키고, 국방성 전쟁지도본부는 전쟁 진행과정을 예의 주시하면서 특수임무수행(중국, 러시아 동태 감시) 준비를 한다.

둘째, 주표적은 북한 전쟁지도본부, 미사일발사 기지(풍계리, 덕성군, 신포항, 마식령), 미사일 핵 저장 시설(영변 평양 인근 신음도과 강선, 동창리, 백운동, 신포), SLBM 기지(함흥, 원산)로 선정하였다.

셋째, 타격수단으로는 F-35/B-2A 스텔스 폭격기에 의한 EMP탄 및 마이크로 웨이브 탄, GBU-57 벙커버스트 투발에 이어 F-22와 B-1B 폭격기를 출격시키기로 하였다.

넷째, 이지스 함, 핵추진 함, 항공모함은 명에 의거 움직일 수 있도록 하였다.

다섯째, 선제 기습공격의 결과를 예의 주시하고 특히 김정은의 동태와 중국, 러시아의 움직임에 관심을 갖도록 한다.

여섯째, 주한/주일 미군은 동원태세를 갖추고 대기하면서 추후 임무에 대비하도록 한다.

전쟁 경과

김정은은 미국과의 대화 접근과 각종 협상이 지지부진하고 특히 체제수호에 노골적으로 부정적인 시각을 나타내고 있는 미국 측에 강한 불만을 표출하고 있었다.

특히 각종 제재 해제를 위한 가시적인 답변도 없고, 핵 폐기에 대한 프로그램과 사찰계획만을 집중적으로 요구하는 자세에 대해 협상이 난망하다는 결론에 이르게 된다.

그동안 나름 핵시설 파괴와 미사일 발사기지 파괴, 미군 유해 송환 등 성의를 보였으나, 립 서비스만 받았을 뿐 전망을 낙관할 수 없다는 판단을 하게 되었다.

얼마 전 중국 시진핑 주석을 만났을 때, UN과 미국의 제재에 대한 해결책을 제시 받은바 있어 상당한 자신감에 차 있었으나 선 핵 폐기에 대한 뚜렷한 조언을 받지 못한 상태에서, 당분간 시간을 길게 끌어가는 방법을 강구하라는 말만 듣고 돌아온 적이 있다. 즉 시간은 북한에게 전적으로 유리하다는 것이다. 당분간 중국은 '무역전쟁'을 통해서 미국의 국정 방향을 흩트려 놓고 트럼프의 머리를 복잡하게 만드는 작전으로 북한을 간접적으로 돕겠다는 말을 하였다.

트럼프는 미국 중간선거에 관심이 많고, 이를 위해 북한은 미군 유해 송환으로 답해 주고, 무언가 북 · 미간에 가시적인 움직임이 있다는 모습을 국제사회와 미국 국민에게 보여줌으로써 김정은은 최선을 다하고 있다는 생각을 하고 있었다. 그런데 미국 강성 참모들은 예상외의 언론 플레이를 하고 있었다. 유해 송환은 인도적 차원이고 핵 폐기와는 아무 연관성이 없다고 잘라서 말한다.

그러면서 핵 폐기와 사찰 프로그램을 빠른 시간에 제시하지 않으면 '군사적 옵션'이 뒤따를 것이라고 공식적으로 발표를 하였다.

김정은은 결심했다.

일본이든, 한국이든, 태평양 일대 미국 영토이든 소형(10kt)의 핵을 투발하고 미국의 반응을 본 후, 전략핵을 미 본토에 지향하여 미국의 항복을 받아 내는 것으로 결심을 굳히게 되었다.

이 모든 원인은, 미국이 퇴로를 차단하여 막다른 골목으로 몰고 간 미숙한 외교 전략으로 빚어진 결과라는 것을 전 세계적으로 공포할 계획이다.

핵보유국 지위만 확보해 준다면 핵과 미사일 개발과 실험을 중단하고 사찰까지 받을 수 있다는 말을 물밑으로 수도 없이 제시 했지만 전혀 받아드리지 않은 미국의 '전략적 과오'라는 것을 강조할 참이다.

핵 투발의 시간은 점점 다가오고 있다. .

UN대사를 통해 미국의 독단에 더 이상 참을 수 없고 민족생존과 체제수호를 위해 부득이 핵을 투발할 수밖에 없는 입장을 이해해 달라고 공개적인 기자회견을 하였다.

사실상 대국을 향해 선전 포고를 한 셈이다.

기습 투발을 하여도 승리를 할 수 있을지 말지 한데 이 길을 택한 것은, 끝까지 미국의 대승적인 결단, 즉 핵보유국지위 인정과 체제 수호에 대한 답을 바라는 끈을 놓지 않으려는 간절함이 깔려있다.

북한 미사일 발사기지와 핵 저장시설의 움직임이 활발해 지고 무기장착이 가시적으로 다가오고 있다.

미국은 북한의 움직임을 간파하였고 동해상의 전략자산이 출격 명령만 기다리고 있다.

김정은은 크리스마스이브 23:00시를 D.H로 정하고 모든 준비를 완료하였다.

드디어 함흥에서 미국 하와이를 향해 첫발(10kt)를 발사했다.

만약 요격 당할 것에 대비해서 원산에서 두 번째 발사를 준비해 두었다. 세 번째, 네 번째 연이은 발사 준비를 해 둔 상태이다.

미국은 괌과 일본 샤리키에 배치된 사드(X-밴드)에서 북한 미사일 발사를 탐지하여 즉각 요격을 감행함으로써 태평양 상공에서 떨어뜨려, 미국 영토 폭발을 막을 수 있었다.

이어서 대규모 공습(F-35/B-2A)과 미사일을 발사하였고, 연이어 F-22기와 B-1B의 공습으로 북한 지역에 선정된 풍계리, 덕성군, 마식령 그리고 영변, 평양 인근 신음동/강선, 동창리, 백운동, 신포 일대를 초토화시키고 있었다.

아울러 함흥과 원산의 SLBM 기지 일대를 집중 폭격함으로써 만에 있을 미국 본토 공격의지까지 꺾어 놓았다.

김정은은 이미 계획된 탈출 경로를 따라 중국 국경을 넘어 창춘으로 피신을 한 상태이다. 같이 대동하고 떠난 전략사령관에게 추가 핵 투발을 지시하였으나 미국 EMP탄 투발로 인하여 북한 전 지역이 암흑 상태로 변하게 되어 아무른 손을 쓸 수 없었다.

미국은 UN 주재 북한 대사를 불러 전반적인 전황을 설명해 주고 더 이상 피해를 줄이기 위해 김정은의 항복 선언만이 북한 주민을 살리는 길이라고 강조했다.

북한 대사는 나름 제3국으로부터 들어오는 전황을 참고하여 김정은과 통화를 시도했으나 연결이 되지 않았다. 부득이 UN 주재 중국대사를 통해 전황 보고를 할 수 있었다.

김정은은 상황을 받아드리기로 하고, 전쟁 발발 10시간 만에 중국 중앙 텔레비전(CCTV)를 통한 '항복 선언'을 하였고, 시진핑으로부터 중국으로의 망명 승인을 받아 김 씨 일족의 통치체제를 마감하게 되었다.

한편 중국은 뒤늦게 북한 지역 평정작전에 참여하겠다는 선언을 하고, 미국과 아무른 협의 없이 군사력을 북한 국경으로 집결시키고 있었다.

이를 알게 된 미국은 단호하게 경고하였다.

만약 국경을 넘을 경우 새로운 침략으로 간주하고 중국과 전쟁을 불사하겠다며 엄중하게 경고하였다.

이를 지켜보든 UN 사무총장과 푸틴 러시아 대통령이 중재에 나섰다. 북한 지역은 미국과 한국에 의한 평정작전을 하는 것이 옳다고 선언하고, 중국 군대의 원대 복귀를 권고하였다.

시진핑은 더 이상 확전은 중지하겠지만 북한 지역 평정 후에 미군은 곧바로 북한 지역에서 철수하고 한국군에 의한 마무리 평정이 이루어져야 한다고 했다.

이 또한 UN과 미국, 러시아가 인정함으로써 전쟁이 종식될 수 있었다.

미국 단독 공격

개념 : '예방 타격'으로써, 예상되는 도발의 원점을 미리 공격함으로써 발생할 수 있는 위험을 사전에 타격하는 보다 적극적인 공격을 말한다.

전쟁직전 상황

미국의 모든 정보자산은 총 동원되어 그의 실시간으로 김정은의 위치를 추적하고 있다.

북한이 군중을 동원하여 김정은과 그 핵심들이 나타나는 어떤 시점을 관찰하고 있다. 그 시점을 D,H로 보면서 기습작전을 시도하려고 한다. 동시에 북한 지상군의 움직임을 차단하는 노력 또한 병행해야만 한다.

미국은 은밀하게 미 본토에서 다량의 '삐라, 유튜브(U-Tube, You-Tube로써, 당신과 브라운관, 동영상 공유 서비스) 소형라디오 등'을 준비하고 있다.

용도는, 기습작전 기간 동시에 휴전선상에 배치되어 있는 전선부대 상공에 투하하기 위함이다.

내용은, 북조선 인민군 장령, 군관, 하전사, 전사 여러분! 이 시각 여러분들을 김정은 일당의 폭압과 압정으로부터 해방시키고, 자유의 품으로 돌아갈 수 있도록 김정은을 제거하는 작전을 수행중에 있다. 현 배치지역에서 한걸음도 움직이지 말고 대기하여 차후 우리가 유도하는 데로 따라주길 바란다. 그렇게 하면 여러분들은 편히 살 수 있는 모든 준비(집과 직장, 정착금까지)를 마련해 주겠다. 자유민주주의의 일원이 된 것을 진심으로 환영 한다. 이미 대세가 기울어진 것을 미처 모르고 움직이다가 이 절호의 기회를 놓치면 평생 후회하게 될 것이다.

한반도 국경선에 포진되어 있는 중국군대의 움직임에도 많은 신경을 써야할 부분이 있다.

중국은 최근 중국군 전체를 개혁 하면서 특별히 '북부전구 : 창춘–랴오양–웨이팡'에 많은 비중을 두고 있으며, 창춘을 중심으로 한 78집단군과 신의주 인근에 80집단군(한국의 군단 규모)은 기계화 집단군으로 신속 기동부대로 편성되어 있다. 또한 산둥반도의 79집단군에는 해군육전대가 편성되어 상륙작전도 가능하도록 되어 있으며, 중국의 항모전단 중 1번함이 칭다오에 2번함이 다롄에, 건조중인 3번함이 상하이에 배치되어 모두 서해 일원을 향해하게 되어 있다. 그리고 북부전구에는 10개 이상의 공군기지가 전개되어 있다. 미국의 정보자산들은 이들의 움직임을 예의주시하고 있어야만 한다.

이를 위해 평소에 수많은 대화를 통해서 북한 지역에 대한 미국의 어떠한 군사적 옵션이 전개되더라도 결코 한 · 만(韓 · 滿) 국경을 넘지 않는다는 약속과 신뢰가 있어야 하고, 전쟁 종료 후에도 미국은 북한 지역에 주둔하지 않는다는 약속이 있어야만 한다. 만약 중국과 러시아 군사력이 압록강과 두만강을 넘게 된다면, 이것은 중대한 도전으로 보고 확전이 불가피 하다는 것, 또한 얘기해 둘 필요가 있다. 미국은 오직 북한의 레짐 체인즈(regime change :체제 변경)가 목표임을 분명히 밝히고, 중국과 러시아의 국경선 월경에 따른 군사적 충돌은 전적으로 양국에게 책임이 있으며 그 후 닥치게 될 결과에 대해서도 책임을 져야한다는 것을 UN 안보리를 통해 공식적으로 천명해야만 한다.

아울러 미국은 대중, 대러 공세를 위한 우발계획을 완성시켜 놓고 있어야만 한다.

만약 중국이 전쟁에 참가하게 된다면, 중국은 지금까지 쌓아올린 경제적 대업적은 삽시간에 무너지고, 시진핑의 대 야망에 포함된 중국몽(中國夢 ; 일대일로)은 산산조각이 나게 될 것이며, 빈부격차에 따른 기층 민초들과 소수민족들의 불만이 폭주해서 1990년 이전의 중국으로 회기 될 공산이 크다고 보아서 중국의 선부른 전쟁 참여는 실행되기 어렵고, 어떻게든 미국과 협상을 통해서 최대 공약수를 찾으려할 것으로 보고 있다..

미국의 기습작전은 전광석화처럼 진행되기 시작 했다.

개전 초기작전

한 · 미 · 일 연합 군사훈련은 각종 매스컴의 조명도 받지 않으면서 예전의 여느 평상시훈련과 다름없이 평범하게 진행되고 있었다. 외부로 보기에는 그렇다. 그러나 훈련부대 지휘관들은 모든 신경을 곤두세우고 있다. 이따금씩 해상에 설치된 가상 표적에 대한 공중 및 해상 사격훈련을 진행하고 항모전단의 대규모 해상 기동훈련만 진행되고 있었다. 여느 때와 다른 점이 있다면 두 개의 항모전단이 교차 기동훈련을 진행하고 있다는 점이다.

북한의 움직임이 전혀 새로운 것이 없는 것으로 보아 평상 수준의 긴장감 정도로 여기고 있는 것으로 보인다.

북한 역시 자체 적으로 준비된 정보자산이 가동되고 있고, 특별히 중국과 러시아로부터 항공, 위성 정보를 제공 받고 있지만 뾰족하게 잡히고 있는 것은 없다.

먼저 미국과 북한의 전쟁 동원 능력과 가용 전략자산을 살펴 볼 필요가 있다.

미국이 선정한 북한 지역 표적은 이렇다.

1. 핵 및 미사일 생산 및 저장시설 로서

영변/평양 산음동/강선/평성/평북 동창리/백운동/함남 신포

2. 핵 실험장 및 핵미사일 기지와 미사일 발사장으로서
   풍계리/덕성군/함남 신포 항//마식령 스키장
3. 요격 미사일 시설로서
   평양 외곽 방공망 - 신형 지대공미사일 KN-06/SA-5
4. 전략시설, SLBM 시험장, 전략 잠수함 건조시설 - 원산
5. 화학 및 생물학무기
   - 생물학 무기 관련 : 연구시설 - 백마리(세균무기연구소), 평양(생물학 연구소〈26호 공장〉), 평성(미생물연구소) 생산시설 - 정주(25호 공장), 선천(세균연구소), 순천(제약공장)
   - 화학무기 관련 : 생산시설 - 기초물질 생산(청진, 흥남, 함흥, 안주, 순천, 신흥), 중간물질 생산(만포, 청수, 아오지), 최종 작용제 생산(강계)

미국이 준비한 타격 수단은 이렇다.

1. 이지스 함 - 토마호크 순항미사일 50~80 발
2. 오하이오 급 핵 추진 잠수함
3. F-22 - 합동직격탄(JDAM: Joint Direct Attack Munition)
4. 소구경 정밀 유도탄(SDB: Small Diameter Bomb)
5. B-1B 폭격기
6. F-35/B-2A 스텔스 폭격기(GBU-57 벙커버스트)
7. EMP(전자충격탄: Electromanetic Pulse effect)/마이크로 웨

이브탄 - 미사일 전자회로 교란/김정은 전쟁지도본부 지휘 통신망 마비

8. B61-12 - 정밀유도 전술핵 폭탄
9. 항공모함 - 칼 빈슨/로널드 레이건호 - 300~400대 전투기 탑재 및 이착륙 가능
10. 전자전 공격기 - EA-18G 그라울러(Growler) - 공대지/공대공 가능 - 평양 외곽 KN-06/SA-5 요격미사일 무력화
11. 안정화-평정작전을 위한 수단 - 군산 주둔 그레이 이글(Gray Eagle) - MQ-IC 무인폭격기 12대/본험 리처드 강습상륙함(4만 톤 급) → 원정타격단(ESG: Expeditionry Strike Group)/포항 주둔 미해병 항공부대/한국군 특전사, UDT/SEAL(Underwater Demolition Team: 수중폭파대/Sea Air Land 특수부대)

그럼에도 불구하고, 북한의 최후 반발대응 가용수단

1. 평양 인근 8개 활주로 - 김정은 일가와 핵전략 사령관 탈출
2. 평양 인근 잔존 대공 유도 무기 - KN-06/SA-5
3. 북한 전역 이동식 미사일 발사대(TEL: Transporter Erector Launchers) - 200대(KN-2 및 스커드 100, 노동 50, 무수단 IRBM 50) 중 일부/ 미사일 격납고
4. 장사정포 - 240 및 300mm 방사포/ 170mm 자주포 300여 문 중 일부 - 한국 수도권 및 충청권 사거리

이제 작전을 개시하기 전에 마지막으로, 예상되는 상황과 전장환경을 가정(假定) 해 보기로 하였다.

가 정

북한과 관련하여

1. 북한이 먼저 공격하는 일은 없을 것이다.
2. 먼저 타격을 받은 후, 명분을 활용하여 평소 준비된 시나리오대로 핵을 포함한 모든 가용수단을 모두 동원할 것이다.
3. 전군, 전 인민 총동원령을 선포하고 중국과 러시아의 지원 요청도할 것이다.
4. 전세역전을 위해, 미 본토와, 주일미군기지, 남조선 미군기지에 대해 최우선적인 대응이 이루어질 것이다.
5. 계속해서 항공모함과 괌/하와이에 대한 공격이 이어질 것이다.
6. 휴전선에 배치된 지상군과 장사정포는 남침 준비를 갖추고 추후 명령에 대비하고 있을 것이다.
7. 특수부대원들을 대거 남쪽으로 침투시켜서 한국 주둔 우리 군과 가족, 일본인들을 인질로 삼기 위하여 한국 탈출을 막을 것이다.
8. UN 주재 북한대사 및 해외주재 대사를 총동원하여 미국의 선

제공격을 비난하고 아울러 전쟁 종식을 위한 협상도 진행 할 것이다.

9. 중국과 러시아의 군사력이 북한으로 진입하는 것을 승인하고 추가적인 전쟁물자 지원을 요구할 것이다. 그러나 중국과 러시아는 즉각적인 반응을 유보하고 전쟁 상황을 예의주시할 것이다. 아울러 중국이 오판을 하여 전쟁에 가담을 하게 된다면, 중국 지도가 과거 아편전쟁 후의 중국처럼(연합국이 중국 영토 분할 점령) 대변혁이 발생하게 되어 역사에 오명이 기록된다는 큰 부담감을 염두에 두게 될 것이다.
10. 한국과 일본에 대해서는 군사력 동원을 하지 말 것을 요구하고 만약 움직임이 있을 시에는 핵 투발이 뒤따른다는 것을 선포하게 될 것이다.
11. 김정은과 그 가족, 북한 전략사령관, 노동당 39호실과 호위사 요원 일행은 북한 군사력이 움직이기 전에 예정된 경로를 따라 중국으로 옮기게 될 것이다.
12. 전쟁협상(전쟁 종식 및 북미 평화협정, 전후복구 등) 경과에 따라 지지부진하다든가 미국의 동의가 불가능하다고 판단되면, 신속하게 한국 전역을 점령하여 대화의 유리한 고지를 점령하려 할 것이다.
13. 북한은 한국을 언제든지 확보 가능하다고 판단하고 대화의 마지막 수단으로 활용할 것이다. 이를 위해 한국에 활동 중인 간첩과 자생 친북단체, 한국전쟁 후 꾸준히 양성해둔 친

북 좌경 단체들에게 정부 전복을 위한 계획된 시나리오를(북한 특수부대 침투 시 연결 및 운용 등) 수시로 점검하게하고 긴장감을 조성시키고 있을 것이다.

미국과 관련하여

1. 미 의회의 승인이 지지부진하게 되면 기습효과 달성을 위해 "선 군사력 동원, 후 승인"이란 조치를 하게 될 것이다.
2. 중국과 러시아를 에워싸고 있는 '우방국가'들과 평소 긴밀 한 유대관계를 유지시키고, 유사시(중국, 러시아의 군사력 동원)에 대비한 '작전계획(A)(B)'를 작동할 수 있도록 약속을 받아놓고 있어야할 것이다. 상황이 급변하게 된다면, 나아가 중국의 오판이 이어진다면, 제3차 세계대전 까지 염두에 두고 작전계획을 발전시켜야할 것이다.
   가. 우방국가 → 인도, 파키스탄, 베트남, 타일랜드, 중앙아시아 국가, 필리핀, 오스트레일리아, 타이페이/EU국가(NATO), 구소련 연방국가
   나. 작전계획(A) → 중국 본토를 향한 무력동원
      ▲ 중국의 항모전단 랴오닝을 비롯한 2~3척은 동남아 국가에는 위협적인 존재지만 사실상 고철 수준으로 처리될 것이다. ← 군사력 움직임과 동시에 파괴 1순위에 들게 될 것이다.

다. 작전계획(B) → 러시아를 향한 무력동원

3. 한국 거주 미국인과 일본인들의 비상 수송계획을 작동하게 될 것이다.
4. UN과 세계 각국에 대해서 이 번 작전은 오직 북한 김정은 정권의 Regime Change(정권 교체)와 북한 인민의 최악의 인권 회복, 그리고 인류를 위협하고 있는 대량살상무기 제거에 목표가 있음을 널리 알리고, 아울러 전쟁이 종료되고 평정 작업이 완료되면 미군은 38선 이남으로 철수하게 될 것이라는 것 또한 전파하게 될 것이다.
5. 북한 특수부대 침투에 대비하여 한국의 지상군과 일본 자위대의 지원을 받아 특별 경계령을 발동하게 될 것이다.
6. 북한 핵 투발에 대비한 경고, 대피, 구조, 요격시스템을 재점검하고 우발사태에 대비를 하게 될 것이다.
7. 금 번 작전의 승패 여부는 북한 지역을 무력화하는 것에 앞서서 한미동맹을 근간으로 하는 한국정부의 굳건한 지원과 한국 지역을 견고하게 확보하는 것이 더욱 중요하며, 특별히 북한 특수부대 침투와 한국 내의 동조세력들 간에 연결을 차단하는 것이 매우 중요 할 것이다.
8. 미국 입장에서 한국 땅은 전선의 후방지역으로써 만약 후방이 적에게 점령되어 민심이 요동치기 시작하면 제 아무리 우세한 전력으로 전방지역 작전을 하드라도 결국에는 전쟁에서 패하게 되는 것은 전쟁역사에서 흔히 볼 수 있는 것으로서(베트

남전쟁에서 미국은 수많은 공중 폭격을 하노이, 캄보디아와의 국경선 지역에 일방적으로 투하했음에도 남쪽 사이공을 중심으로 한 베트콩과 인민들의 끈끈한 연결을 차단하지 못해 결국은 패하게 됨) 한국군의 작전계획에 깊은 관심을 기우려야 할 것이다.

9. 따라서 한국정부와 국민에게 평소 전쟁도 불사하겠다는 안보 공감대 형성에 특별히 신경을 써야하고 만약 전쟁 발발로 인한 전후복구와 남북한 동화를 위한 지원에 미국을 비롯한 UN 차원의 적극적인 참여가 이어질 것이라는 확실한 믿음을 심어 주어야할 것이다.
10. 이로 인해 한국 국민이 미국의 세력팽창전략에 애매하게 끌려들어가서 고난과 역경을 겪게 된다는 상실감을 갖지 않게 세심한 배려가 뒤따라야 한다. 과거 극심한 피해를 본 사례(일본의 팽창전략인, 청일전쟁, 러일전쟁, 만주전쟁, 중일전쟁, 태평양전쟁)를 연상하는 일이 없도록 해야 할 것이다.

전쟁지도 지침

1. 전쟁은 기습을 달성해야하고, 북한 전쟁지도본부가 일제히 공황상태에 빠질 수 있도록 동시다발로 무자비하게 몰아붙여야 한다.
2. 공격속도는 전격전(Blitzkrieg)을 방불케 할 정도로 과감하게

하고 12시간 이내에 종결시킨다. ■전격전이란, 신속한 기동과 기습으로 적의 저항을 분쇄하여 전쟁을 초기에 끝내기 위한 작전(제2차 세계대전 당시 독일군이 채택한 전술)

3. "핵 투발"은, 최후 수단으로 사용한다. 즉 레드라인(Red Line: 본토에 북한 미사일이 발사 되었을 때)을 넘어서는 시각이다.
4. 모든 요격시스템(본토, 일본, 한국, 해상, 공중)을 풀가동하고, 감시 시스템 또한 모두 한반도를 지향한다.
5. 각종 공격행동 개시("핵 버턴"을 제외한 모든 행동)는 현장지휘관에게 있으며, "선 조치 후보고 시스템"을 적용한다. 단 한반도 국경선(압록강, 두만강)은 넘지 말아야 하고, 김정은이 포함된 전쟁지도본부의 추격 포획 작전에는 예외로 한다.

전쟁 발발(D - day)

김정은과 그 일행의 움직임이 포착되었다는 정보가 입수 되었다. 며칠 전까지 ICBM 발사실험과 연이어 SLBM 발사실험 까지 마치고 김정은은 한 번 더 공식 선언을 하였다. 이제 미 제국주의의 팽창전략에 맞설 수 있는 모든 준비가 다 갖추어졌다면서 인민들에게 결전의 그날을 기다리라고 하였다.

미국은 북한의 경거망동에 잔뜩 뿔이 나 있는 상태이다. 국제사회의 고강도 제재에도 불구하고 계속 강행되는 대량살상무기 개발

실험은 미국의 인내가 임계점에 도달하도록 만들었다. 이대로 방치하다가는 시간만 벌어 줄 뿐 미국과 국제사회에 아무런 도움이 되질 못한다는 결론을 내리게 되었다. 미국의 전쟁지도본부에서는 '예방타격'으로 방향을 설정하였다.

애당초 한동안은, 표적을 선별하여 제한적으로 타격 할 계획을 하고 있었다. 전쟁지도본부에 강성 매파들이 들어서면서 분위기가 바뀌었다. **'숨 쉴 틈을 주지 말고 단번에 쓸어버리자.'** 중국과 러시아에게도 운신의 폭을 주지 말자. 이렇게 해야만 김정은 과 그 일파만 제거가 가능하고 북한 인민의 피해와 고통도 줄일 수 있다. 아울러 북한지역의 평정과 안정화작전에 도움이 되고 나아가 남북한의 동화기간과 전후복구 비용도 절감될 수 있겠다는 결론에 이르게 되면서, 최악의 경우 전면전과 제3차 세계대전으로의 확전도 염두에 둔 "예방타격" 수준의 강공으로 결정을 하였다.

한국정부는 미국의 결정만 바라볼 수밖에 없고, 그냥 그 계획의 일부로써 전쟁에 동참하여 승리할 수 있도록 최선을 다해야만 하고 전쟁 종료 후 한반도 통일이라는 과실을 따 먹을 수 있도록 후속준비를 마련하는데 대책을 세워야만 할 입장이다.

한반도 북쪽 상공에 전운이 감돌고 있다.

한국의 해상과 육상, 공중에서는 한미연합훈련이 시나리오대로 착착 진행되고 있다.

미국, 한국, 일본의 전쟁지도본부에는 초특급 긴장감이 조성되고 있는 와중에 긴급명령이 발동되었다.

D . H(Day of attack . Hour: 공격 개시 일자 및 시간)
0000년 2월 16일 04:00시

이날은 김정일(김정은 아버지) 탄생일이며 북한은 광명절로 지정하여 국가 공휴일로 지정되어 있다.

이날 김정은과 권력서열 10위권의 일행은 금수산 태양궁전(김일성, 김정일 시신 안치 장소)을 참배하고 다시 한 번 결기를 다지면서 북한 인민의 호응을 도모하는 날이기도 하다.

북한 인민과 군대는 휴식을 즐기면서 오랜만에 베풀어진 김정은의 선물에 만족하고 가족과 각종 소조단위로 그들만의 시간을 만끽하고 있는 중이다.

미국은, F-22 랩터 스텔스기 편대를 평양 상공에 투입하여 2발의 EMP탄을 투발하는 것으로 공격의 포문을 열기 시작했다.

동시에 한미연합훈련에 동원된 모든 전략자산들은 동해 일대에 머물면서 다음 임무 수행을 위해 대기하고 있다.

북한은, 영문도 모른 체 모든 전자 통신망이 두절되고, 도시 기반이 중단되면서 뒤 늦게 감 잡은 지휘부는 먼저 김정은의 전쟁지도본부 피신을 서두른 다음 총참모장을 비롯한 전쟁지도요원들을 소집 했지만 지휘, 통제, 통신망이 교란됨으로서 구두 연락을 하는 동안 많은 시간이 지체되고 있다.

미국은, 먼저 김정은을 참수하기 위해 평양 주변 8개소의 김정은 전용 활주로를 파괴하기로 하고, 무인폭격기 MQ-1을 띄워 폭파를 단행하였다. 동시에 미 공정부대와 한국군 특전부대를 긴급히 국경선 단둥과 도문 일대에 투하하였으나 김정은은 이미 비밀 외곽 통로를 이용해 국경선을 넘어가고 말았다. 김정은이 전략사령관을 대동하고 있는 만큼 언제든지 핵 버턴을 누를 수 있기 때문에 계속해서 북한 대량살상무기체계를 무력화하기로 하고 일제히 공격 명령을 내렸다.

동해상의 미군 전략자산들은 일제히 불을 뿜기 시작 했다.

1진으로 공중공격이 진행된다. 한 · 미 연합 공중훈련을 위해 동해 상공을 선회 중인 괌 주둔 B-1B와 B-2A 스텔스 폭격기, B-52 폭격기 편대와 일본 오키나와 주둔 F-22A와 F-35 스텔스 전투기 3개 편대가 출동해서 평양 인근 북한 지대지 요격 미사일 KN-6를 비롯한 SA-5를 무력화 시키는 것을 시발로 북한 전역의 미사일 발사대, 핵무기, 화생무기, 은신처를 폭격하기 시작했다. 아울러 생산기지에 대한 1차 공격이 시작되었다. 특별히 북한 전쟁지도본부가 있을 것으로 예상되는 평양 인근에는 J-DAM 합동직격탄을 비롯해서 GBU-57 벙커버스트를 투하하여 전쟁지도 기능을 와해시켰다. 30여 분의 공중폭격은 스텔스 기능으로 말미암아 손 한 번 제대로 써 보질 못하고 속수무책으로 초토화 되어버렸다.

1진이 임무 수행을 종료하는 시점(북한 항공 권역 권 이탈)을 시작으로 연이어 북한의 주요 전략거점에 대한 미사일 공격이 시작된다. 동해상의 항모전단에서 미군 토마호크 순항미사일과 한국군의 미사일 수 백발이 북한 전역에 선정된 표적을 대상으로 핀셋(족집게)공격을 시작했다. 전쟁 개시 후, 한국군 화력이 최초로 가담하게 되는 순간이다.

북한의 모든 대량살상무기는 그 기능을 상실하였고, 일부 비밀히 은신시켜 둔 핵폭탄 확보를 위한 미 공정단과 한국군 특전사가 작전을 준비하고 있다.

다행스럽게도 북한군 장사정포의 움직임이 없다는 점이다.

아마도 전쟁 시작과 동시에 대량으로 살포된 선무공작의 덕택이 아닌가 싶기도 하지만 더욱 중요한 것은 북한 전쟁지도본부가 초기에 마비됨으로써 일선 군단장들에게 명령 침투가 정상적으로 전달되지 않은 이유도 있을 것으로 보면서 계속 삐라를 살포해서 이미 전쟁이 막바지에 이르렀고, 김정은이 국외로 탈출했으며, 현재 들리고 있는 김정은의 육성은 녹음된 음성임을 강조했다. 아울러 모두 움직이지 말고 현 위치에서 차후 미국과 한국의 행동지침에 따르면 모두 안전하고 평화스러운 장래가 보장된다는 것을 알리면서 북한군 전선의 동요는 거의 볼 수가 없었다.

한국군의 대북 심리전 확성기 방송과 영상방송은 연일 북한 전략무기가 초토화되는 장면을 실시간으로 널리 전파하고 있었다. 동시에 추후 북한군 수용에 따른 인적, 물적 지원을 위한 준비가 한창이다.

북한과 같은 병영국가시스템의 장점은 상명하복의 일사불란한 지휘통일의 장점이 있는 반면에 그것이 큰 단점으로 작용되기도 한다. 즉 전쟁수뇌부를 조기에 단절시켜버리면 하부 기능이 제 아무리 큰 군사력을 보유하고 있더라도 힘을 못 쓰게 되어있다. 위 만 바라보고 있는 조직의 한계가 들어나고 있는 것이다. 과거 한국전쟁 당시에 낙동강까지 밀고 내려온 후, 인천상륙작전으로 북한의 본 진영과 전열이 단절이 됨으로써 일부는 북상하고 일부가 남아 지리산, 덕유산, 태백산 일대에서 제2전선을 구축해 끝까지 저항한 것은 김일성이 다시 전열을 가다듬어 남침했을 때, 그 때 다시 연결하자고한 약속을 끝까지 지키기 위한 것이었지만 현재 진행 중인 북한 지역의 전쟁은 자기네 지역에서 일방적으로 수세에 몰리는 입장이라 제2전선 활동이 쉽지 않다는 점이 있다.

북한 지역은 이미 모든 기능이 상실되었다.

그러나 김정은의 육성방송은 계속되고 있다. 끝까지 임무를 완수해 달라고 한다.

일부 김정은 호위사령부 산하 충성파 일부가 평양 인근에 은신하여 이따금씩 출몰하면서 약탈과 인민에게 계속적인 충성을 강요하고 있다.

C-130 허큘리스 수송기로 영변, 무수단리, 풍계리 일대의 핵시설에 대한 선점을 위하여 한국군 특전사와 미군특수부대 네이비실, 델타포스가 공중낙하로 장악하기 시작했다.

동시에 미 해병 항공부대와 강습상륙함 본험리처드를 중심으로 한 원정타격전단이 전개하기 시작했으며, 한 · 미해병대는 특수작전부대를 지원하기 위해 북한군 경비 병력이나 증원부대를 저지하고, 추가적인 외곽작전을 위해 전개하고 있다.

특별히 중국이나 러시아군의 국경선 월경을 조기에 발견 저지하는 임무를 수행하고 있다.

중국과 러시아는 외관상으로는 조용한 모습이다. 이따금씩 정부차원에서 미국의 군사력 동원을 비난하고 국경선을 넘을 시에는 즉각 응징하겠다는 성명은 발표하고 있으나 예의 주시하며, 자국으로의 전선이 확대되어 확전되는 것을 경계하고, 이미 기울어진 대세를 잘 마무리하려는 수순을 밟고 있는 것 같다. 오히려 UN을 통한 협상에 앞장서고 있다.

미국의 대공습과 미사일공격, 지상군 투입은 사전 면밀하게 수집되고 분석된 정보를 바탕으로 전략표적에 대한 '핵심 족집게타격'

을 수행함으로써 북한 인민에 대한 피해를 극히 최소화했다는 점이 북한 전역의 안정화 및 평정작전에 많은 보탬을 주고 있다. 일부 피해를 입은 민간인에 대한 후송과 치료, 기반시설에 대한 긴급복구와 구호물자는 빈틈없이 지원되고 있었다. 북한 주민 입장에서는 오히려 미군이 점령하고 있는 지역에는 배고픔을 달래고 생필품을 풍족하게 이용하고 있는 실정으로 모두 전후(戰後)의 생활에 큰 기대를 하고 있다.

사실상 가장 두렵게 생각했던 한국군과 접적하고 있는 북한 지상군의 움직임이었는데, 삐라와 선무공작이 주효하고, 한국군의 대북심리전 확성기 방송이 효과를 거둠으로써 모든 작전이 원활하게 진행될 수 있었다.

북한군 전선 군단장들과 각종정보를 제공해 주고 있는 정치부장교들 역시 이미 대세가 기울어졌고, 김정은이 국내에 없으며 충성의 대상이 살아졌다는데 상호 동의를 하면서 인접 군단들과도 암암리에 정보교환을 함으로써 미군과 한국군의 평정작전에 순순히 동조하기로 결심을 한 듯하다.

한 편, UN에서는 긴급으로 안보리 상임이사회의가 소집되고, UN 주재 북한 대사를 비롯한 관련 당사국 대사들이 한 곳에 모였다. 먼저 미국 대사가 현재의 전황을 상세하게 동영상과 함께 설명하기 시작했다. 주요 핵심시설의 파괴와 미군과 한국군이 점령하고 있는 모습, 압록강과 두만강을 연한 주요지점을 선점하고 있는 모습, 북한군 지상군들의 백기 투항하는 모습, 북한인민들의 환영하는 인파의 모습, 미국의 구호품들이 공중투하 되고 이들을 받아들고 즐거워하는 인민들의 모습들, 그리고 평양 노동당과 각 지방 도당사의 인공기가 내려지고 있는 모습 그리고 김일성과 김정은 동상이 허물어지고 있는 모습들을 비추어 주면서 이미 대세는 기울어졌다고 힘주어 말하고 있다.

따라서 김정은의 항복 선언이 빠르면 빠를수록 북한 인민과 전후 복구에 도움이 될 것이라고 했다.

먼저 1차적으로 중국과 러시아 지도자들의 공식적인 북한 패배를 인정하기로 하고 김정은이 따르도록 하는 조치를 취하기로 합의를 보았다.

미국이 공격을 개시한 후, 10시간 만에 중국 시진핑과 러시아 푸틴이 공식적으로 패배를 인정하는 성명을 발표했다.

아울러 시진핑은 김정은과 그 가족, 수행요원들의 중국내 망명을 허용하기로 하였음을 함께 발표 하였다. 아울러 덧붙인 말은 김정은이 끝까지 '핵 버턴'을 누르지 않은 점을 높게 평가 했다.

이어서 2시간이 지나서 김정은이 패배를 인정하고 야인으로써의 삶을 영위하면서 북한인민들에게 속죄하는 마음으로 살아가겠다는 성명을 발표함으로써 전쟁은 쉽게 끝이 났다.

이 전쟁은 애당초 게임의 대상이 될 수 없는 상황이었지만 미국과 한국, 일본은 돌다리도 두들겨 가며, 사자가 토끼를 사냥하듯 정성껏 혼신의 전력을 다 기울여 다룬 것이 성공했으며, 특별히 기습적인 타격을 가함으로써 효과를 백배 증진시킬 수 있었다.

무엇보다 결정적인 것은 한국군과 한국국민들의 희생을 각오한 전쟁 동참 정신이 가장 반짝이며 영롱한 빛을 발하게 된 것이다. 바꾸어 말하자면, 한국의 동참이 없었으면 전쟁은 시작될 수도 없었으며 승리는 꿈도 꿀 수 없었든 한국인의 승리라고 할 수 있다. 이제 남은 것은 한국 주도와 미국 및 UN의 적극적인 지원으로 한반도 평정과 안정화 작업이 순조롭고 빠른 시간 안에 완성되도록 하는데 다시 한 번 더 국민적인 동참이 필요한 시점이다.

제2장
긴 호흡으로 주저앉히는 길
-한국 단독 + 국제 공조-

개 요

손자병법(孫子兵法)의 중심사상은 부전승(不戰勝)이다.

필자가 국가안보와 전쟁사를 전문 영역으로 연구하면서 체득한 것이 바로 '싸우지 않고 이기는 것이다.'

이 길을 찾아 수 십 년 째, 밑도 끝도 없는 미지의 영역을 외롭게 헤매고 있는 중이다.

누구나 싸움을 원하지 않고 또 그렇게 지향하고 싶지만 저마다 방법이 다 다르다보면 가장 손쉬운 것을 찾게 된다. 그것이 바로 준비된 무력을 사용하는 것이다.

무기는 자꾸만 고강도, 고도화, 고도 정밀화, 과학화, 인공지능화, 소형화, 현지 적응, 맞춤형으로 진화 중이다.

잘 개발된 무기는 마치 마약과도 같아서 억제하기가 여간 어려운 것이 아니다. 오래된 무기는 용도 폐기 전에 한번 사용해 보고 싶고, 군수산업은 새로운 무기와 장비를 계속 개발 생산 보급을 해야만 경제논리에 부합되게 되어 있으며 방위산업이란 이름으로 국가경제의 한 축으로 자리매김 했다. 해서 세계사적으로 큰 전쟁이 시작될 때마다 새로운 병기가 탄생하여 전쟁지도를 바꿔 놓았다.(소화기, 중화기, 대포, 전차, 전투기, 전투함, 미사일, 핵에 이르기까지, 1차 세계대전, 2차 세계대전 앞으로의 제3차 ...) 그러나 한반도에는 결코 원자탄, 화학탄, 생물학 탄의 시험장이 되어서는 안되며 억제할 수 있는 수단을 많이, 다양하게, 중복해서라도 다중장치를 마련해서 국운이 융성하도록 만들어야 한다. 그 수단과 방법이 고전적, 재래식이라도 좋고, 과학화, 인공지능화 된 것이라도 좋다.

국민이 감당하기에 다소 버겁고 체면에 누가 끼치더라도 이 시대를 살아가는 사람들이 극복해야하고 후세에게 대대손손 외침(外侵)을 허락하지 않는 호국정신과 국력을 남겨 줄 필요가 있다. 국가안보(국민의 생명과 재산 영토를 보위하는 일)에는 너와 나, 여와 야, 좌파 우파, 진보 보수를 초월하는 '바로 나와 나의 가족에 운명'이라는, 조금 더 비약하면 '국운(國運)'이 달려 있다는 비장(祕藏)한 결심이 필요하다.

앞서 미국이 펼친 '선제타격', '예방타격'의 적극적인 군사적 옵션은 북한의 악성 정치적 행위에 대한 부득이한 제재의 일면을 보여준 것이고, 필자는 보다 유연하게 북한 김정은의 운신의 폭을 좁혀 나가는 '부전승전략'을 구사해 보려고 한다.

때로는 휘몰아치듯, 피를 말리듯, 때로는 간격을 두면서 감히 넘나보지 못하게 스스로 내실을 다져 놓는 그런 대안을 강구해 보려고 한다.

한국 단독으로 할 수 있는 것은, 국제사회가 바라보아도 **'어랍 쇼 진즉 저랬어야지'** 할 정도로 파격적으로 추진하고, 국제공조가 필요한 부분은, 특히 미국의 전략자산 문제 역시 상상을 초월할 정도의 충격적인 전개를 하는 방안을 고려해 보려고 한다.

이 모든 대안은 오직 우리 국민 스스로 감당해야만 하는 자구책들이다.

주요 핵심 내용은 다음과 같다.

필자가 출간한 이전 서적에 포함된 것으로써, 우리가 싸우지 않고 이길 수 있는 길을 제시한 것이 있다.

▲ 북한 특수전부대의 기습 침투에 대비하면

▲ 국민적 안보 공감대가 형성되면

▲ 한미동맹 강화와 전시작전통제권 환수가 유보되면

▲ 국방개혁의 핵심이 구현되면

▶ ▶ ▶ 우리는 반드시 싸우지 않고 이길 수 있습니다.

위 내용을 설명한 여러 가지 대안 중에서 이번 집필에서는 꼭 집어서 다음 몇 가지만 실행에 옮겨 주면, 우리는 반드시 '북한 핵'을 해결할 수 있다고 확신 한다.

첫째, 한 · 미 · 일 공조로 3국 연합훈련/전략자산을 다수, 다양하게 전개해야 한다.
둘째, 수도를 이전(서울 → 대구)해야 한다.
셋째, 국가비상기획위원회를 부활해야 한다.
넷째, 학생 교련교육을 부활해야 한다.
다섯째, 한미동맹 강화와 전시작전통제권 환수를 유보하자.
여섯째, 국방개혁의 핵심이 구현되어야 한다.

위 순서대로 필자가 평소 소신으로 간직하고 있는 내용들을 펼쳐 나가도록 하겠다.

대한민국 국운이 걸려 있는 심각한 문제 제기이기 때문에 필자는 좌고우면하지 않고 오직 **'국가안보적 차원'**만을 염두에 두고 판단하였다. 개인적인, 지역이기적인, 이념적인, 법적인 잣대는 잠시 덮어두고 순수한 감성(오직 나라를 구한다는 생각)으로 본서에 접근해 주길 바라면서 ...

한 · 미 · 일 공조로 3국 연합 군사훈련/전략자산 횟수를 다수, 다양하게 전개

한반도 안보환경과 국제관계를 설명할 때 '북방 3각 관계와 남방 3각 관계'를 거론하는 경우가 많이 있다.

말하자면, 북한을 중심으로 한 중국과 러시아와 한국을 중심으로 한 미국과 일본의 관계를 설명할 때 가볍게 엮는 용어이다.

평범한 시각으로 바라보는 누구라도 평가를 해 보면, 북방 3각은 잘 돌아가고 있는데 남방 3각은 어디에선가 삐거덕 소리가 들린다고 얘기 한다.

문제의 시작은 한국과 일본이다.

한국은 일본과의 군사적 교류를 원천적으로 차단하는 분위기이다. 반면에 일본은 사안에 따라 융통성을 갖자는 편이다.

양국에 깔려 있는 구원(舊怨)이 연유가 되고 있는데 사실상 그 원죄가 일본에 있다는 것은 세상이 아는 사실이지만 일본은 요지부동이다.

이렇게 끌고 가다가는 양국 모두에게 불행이 닥칠 수 있다.

필자의 이전 출간 서적 “한반도 전쟁 시나리오”에서나 “일본 열도 핵전쟁”에서 전개 한데로의 상황이 벌어진다면, 지금의 양국관계라면 쌍방 모두 끔찍한 상황에 직면하게 된다.

최상의 군사력과 경제력을 갖춘 인접국가가 서로 손을 놓고 상대국가의 국가적 위난을 강 건너 불구경 하도록 내버려 두는 것은 양국 국민과 역사에 대한 예의가 아니다.

지금은 겨우 미국이 중간에 서서 한·미, 미·일 동맹관계를 맺고 있고, 한·일 군사정보보호협정(GSOMIA : General Security of Military Information Agreement)을 체결하는 '징검다리 삼각관계'를 유지하고 있으나 파열음은 계속 들리고 있다.

'한·미·일 동맹관계'로의 발전이 시급한 과제이다.

남방 3각관계가 원활하게 유지된다면, 북방 3각관계의 위력을 반감시킬 수 있다.

사안이 사안인 만큼, 어떤 통 큰 지도자가 양국에 나타나서 모든 걸림돌을 일괄 처리하는 수순을 밟아야 한다.

먼저 일본은, 앞으로 100년, 200년 후의 일본 지도를 그려 보아야한다. 후손들이 선조들의 원죄로 인하여 서글피 살아가야만 하는 비참한 광경을 연상해 보기 바란다. 왜곡된 역사를 가르친 나쁜 조상으로, 지도자로, 다시 한 번 역사에 기록되는 일이 없어야 할 것이다. 피해 당사국을 향하여 백번 천 번 사죄를 구한다고 해서 일본국의 위상이 깎이는 것도 아니고, 독일처럼 후손들이 당당하게 역사의 현장에 나설 수 있는 담대한 국가가 되었으면 한다. 피해 당사국들이 '이제 그만 사죄해도 되겠습니다.'라고 할 때까지 해도 일본의 위상은 내려앉지 않는다. 아직 전범들과 그 직계 후손들이 살아남아 있고 '극우세력'들과 무리를 지어 일본 여론을 주도하면서 정치판에 깊숙이 개입되어 각종 정치권력 당락(當落)에 영향을 주기 때문에 그들 선조의 민낯을 들어내려 하지 않는다. 의학적으로 말하자면, 수술하기에 매우 어려운 암 덩어리가 곳곳에 자리하고 있어 난감한 실정임에는 틀림없다.

다만 일본의 국가안보적인 측면을 고려해 본다면, 한국에 비해 상당한 여유가 있는 국가이다. 일부 영토분쟁(센카쿠〈다오 위다오〉열도, 쿠릴열도, 독도)이 있으나 욕심 부리지 않고 '선점국가우위원칙'을 고려한다면 그리 심각한 수준은 아니다.

더구나 미 · 일동맹이라는 굳건한 관계를 잘 유지하고 있는 관계로 국가안위에 관한 문제는 미국의 핵우산과 주일 미군의 막강한 군사력이 건재하게 버티고 있어 거의 완벽한 수준이라고 볼 수 있다.

하지만 날로 점증하고 있는 북한의 대량살상무기 위협으로부터의 고민이 깊어지고 있다. 필자의 출간 서적인 '일본열도 핵전쟁'에서 보듯이 미 · 일 동맹만으로는 안정권 내에 들어가지 못한다는 안타까움이 남아 있는 실정이다.

일본은 과거사는 과거사대로, 국가안위에 관한 문제는 현실적으로 접근하는 병진 노선을 펼치자는 국가전략이다.

필자의 개인적인 상상력을 추가하자면, 일본이 한국과 마찰이 있을 때, 북한의 미사일이 일본 열도를 지나갈 때 마다 미국 트럼프 대통령과 정상회담을 자주하고 있다.

외부적으로는 일본 국민을 안정시키고자하는 의도가 있겠으나, 미 · 일 정상 간 대화에서는 아마, 한국정부의 대중, 대북관계 설정과 한국 내의 좌 편향적 정치노선에 대해 양자 간 진지한 대화가 이어질 것으로 본다.

특히 사드 배치가 오랜 기간 자리를 잡지 못하고, 북한 인권문제에 대해서 한마디도 입 밖으로 꺼내지도 못하고, 미국과 일본의 대북 강경노선에 반하는 유화적 노선을 펼치는 것에 대한 신뢰 문제를 심각하게 거론하면서, 최악의 경우 한국정부가 친중, 친북 노선으로 기울어지는 모습을 보이면, 미국의 태평양방어 전략을 일본열도를 연하는 선으로 해도 일본은 모두 감당할 수 있다는 조심스런 대화가 이어 졌을 수 있을 것으로 짐작해 보기도 한다.

한마디로 한국정부 패씽(통과/무시)전략을 거론했을 수도 있다.

그 일환으로 한국정부에 대한 경고의 의미도 담고, 무언의 압박 전략도 가미하면서 유사시에 대비한 한국 거주 미국 국민과 일본 국민의 본국 송환 연습을 은밀하게 수행해서 후일을 도모하는 양수겸장의 실질적인 모습을 보여주기도 하였다.

한국은, 국가안보에 관한한 한 · 미 동맹을 바탕으로 모든 것을 풀어나가야만 한다. 중국의 경제적 압박이나, 북한의 고도의 평화적 공세와 대량살상무기의 위협수준이 물밀 듯 하더라도 미국과의 신뢰관계를 흩트려서는 안 된다.

한국 단독으로 국가를 지탱하기에는 버거운 북방 3각관계가 호시탐탐 노려보고 있다.

가장 힘든 부분은 국내에 생성되는 친북성향의 각종 여론몰이로 말미암아 순수한 민초들이 흔들리고 있는 조짐이 엿보인다는 점이다.

한국전쟁 후 약 70년에 이르는 동안 북한 '김 씨 집단'은 한국 내에 은밀하게 침투해서 친북성향의 좌경용공분자를 양성해 두었다. 이들 무리들은 한국사회 요소요소(정치, 경제, 문화, 예술, 과학, 체육, 종교, 법조, 노동, 공무원, 농어촌, 의약 등)에 깊숙이 잠입해서 남남갈등 유발과 국가안보의 절박함을 희석시키는데 중요한 진원지 역할을 하고 있다.

그러나 북한에는 한국의 휴민트(인간정보)가 자리 잡질 못하고 있다. 이런 것을 전쟁으로 대입시켜보면, 백전백패의 전장 환경이라고 평가할 수 있다.

설상가상으로 한미동맹에 대한 도전 세력들이 넘치고 있다. 중국과 북한은 기회만 있으면 틈새를 벌리려하고, 다수의 언론과 논객들이 여과 없이 틈새 벌림 작전에 동참하고 있다.

전시작전통제권 환수와 한미연합훈련 축소 지향, 민방공 대피훈련 취소, 평창 동계올림픽을 계기로 조성된 남북관계교류가 마치 평화의 시대가 도래된 양, 전쟁종식선언까지 할 요량으로 야단법석이다. 분명히 얘기하건데, 북한의 대량살상무기가 그대로 상존하고 있고, 북한군 전투 병력을 단 1명도 줄이지 않으면서 오히려 군 복무기간을 연장하는 등, 엄중한 상황은 변함이 없는데 한국정부는 평화 분위기를 띄우고 모든 수단을 다 동원해 국민정서를 한쪽으로 몰고 있다. 이러한 징조는 북한이 잘 사용하는 '평화공존전술' 즉 위장 평화공세로써 그 종착점은 한국을 적화통일 하겠다는 속셈이 깔려 있다.

한국은 국가안위가 아무리 위중해도 일본과의 군사동맹으로 일본 군대가 한반도에 발을 딛는 것을 용납할 수 없다는 불문율이 국민정서에 깔려 있다. 그리고 역사적 사실에 대한 일본 국가차원의 진심어린 사과가 반드시 있어야 한다는 입장이다.

즉 일본의 선택에 따라 얼마든지 관계가 정상화될 수 있다는 여지가 깔려 있다.

한국정부는 여전히 한반도 운전자, 중매쟁이 같은 꿈만 꾸면서 주변국들이 쓴 웃음을 짓게 하고 혼자 가만히 두면 아무것도 할 수 없는 방랑자 신세가 될 수도 있다.

미국이 한국과 일본 사이를 넘나들면서 '징검다리 외교 전략'을 펼치고 있는 이런 소극적인 남방 3각 관계에서 한 · 일 관계가 더 소원해지기 전에 관계 복원을 서둘러야 한다.

한 · 일 보다, 한 · 미 · 일 3각 동맹 상호방위조약을 체결하자.

한국과 일본의 양자 동맹체제는 잠시 미루고, 3각 동맹 체제를 먼저 체결해서 군사적인 집단 결사체를 구성해야 한다.

현재 한미 상호방위조약에서, 전시작전통제권이 미국에 있으면서 한미연합사령관 산하에 지상군 구성군사령관, 해군 구성군사령관, 공군 구성군사령관으로 나뉘어서 한반도 전시작전을 지휘하도록 되어 있다. 지상군은 현재의 한미연합사부사령관(한국군 대장), 해, 공군은 미군 사령관이 담당하고 있다.

따라서 일본군 지상군은 일본 본토 방위에 주력하고, 해, 공군만 구성군에 포함되어 작전하도록 하면 된다.

중국과 러시아의 반발이 예상되고 있다.

북방 3각체제도 지금 보다 더 치밀한 관계로 발전시킬 수 있다.

그곳에 하늘에서 떨어지는 기묘한 비책이 나오더라도 감수해야만 한다. 그들의 관계 변화는 과거 청일전쟁 이후 2차 세계대전, 한국전쟁, 그리고 오늘날에 이르기까지 부침을 거듭하며 오락가락하고 있다.

본시 공산주의 세계는 한바닥에서 두 마리 용을 노닐게 할 수 없는 이념적 한계가 있기 때문에 중 · 러의 짝꿍 모습에 별로 괘념치 말아야 한다.

다만 한국과 일본의 진정되고 진실한 관계 정성화가 관건이 된다. 과거에 사로잡혀 현실을 망각해야 하는가. 어제의 적이 오늘 친구는 될 수 없는가. 먼 훗날 후손에게 아름다운 역사를 넘겨 줄 의향은 없는가. 중국의 무한 세력팽창 블랙홀에 빠져들어야만 정신을 차리겠는가. 무한경쟁 시대에 두 나라가 반목하고 질시하면서 주변국과 공개적으로 경쟁한다는 것은 패배를 인정하고 싸움에 들어가는 우스꽝스런 촌극을 연출하는 것이다. 이제 한 시대를 뛰어 넘는 경이로운 역사를 만들어야만 할 때가 도래하였다.

한 · 미 · 일 연합 군사훈련 횟수를 증가시켜야 한다.

동맹국간의 연합훈련은 합법적이고, 건설적이며 가장 생산적인 관계 발전의 최적수단이다.

훈련비용 때문에 제한을 받는 것이지 그 누구도 의혹을 제기할 수 없다. 그런데 한미 연합훈련을 할 때 마다 중국이 신경을 곤두세우고, 북한이 경기를 일으키는 것은 첫째, 자기네 스스로 남방 3각 수준의 연합훈련을 할 수 없는 현실적인 제약이 있기 때문이다. 훈련 장소, 경제적 여건, 경험부족, 국제사회의 관심 및 호응도에 비해 기대효과 부족, 3국 연합작전 수행능력 미흡(언어, 전술/전략, 교리 등) 둘째, 훈련에서 실제 작전상황으로의 전환이 쉽기 때문이다. 북경과 평양의 코앞에서 적의 대규모 군사력이 무장을 장착한 상태에서 활동을 한다는 것은 자국의 군사적 긴장상태를 고조시킴은 물론 그것이 자국의 다른 국내 활동(외교, 문화, 관광, 생산, 지도부 활동 등)에까지 영향을 미치기 때문이다.

이렇듯 고비용의 연합훈련을 감당하기에는 역부족인 북방 3각의 고민이 있는 것이다. 특히 주도권을 쥐고 있는 중국의 경제논리적 사고의 고착이 상황을 어렵게 만드는 경향이 있다. 중국 단독으로 상황 대비 훈련을 하는데 들어가는 비용에 대해서는 얼마든지 감당을 하면서 북한의 군사 활동 지원비용에 대해서는 인색하기 짝이 없다. 늘 북한에 대해서는 '죽지 않을 만큼만 지원을 하고, 고기 잡는 방법은 절대 가르쳐주지 않는다.'는 전형적인 공산주의 길들이기 식 통치수단을 적용하고 있다.

과거 김정일이 집권하고 있을 적에(1994년에서 2011년), 홍수와 가뭄이 연이어 발생하여 60~100만 명에 이르는 아사자가 발생하고 '고난의 행군'이라며 풀뿌리와 나무껍질로 연명을 해 가든 시절에도 옥수수 등 겨우 풀 죽을 끓여 먹을 정도로 지원에 그치는 모습을 보고 김정일은 '통 큰 지원'을 해 달라고 했지만 중국정부는 좁쌀할멈처럼 선을 긋고 있었다. 그 때부터 김정일은 그 어려운 가운데도 대량살상무기 개발에 박차를 가하면서, 중국과 상호 내정간섭을 하지 않는 대등한 입장에서 국정을 운영했다. 핵과 미사일 발사 실험을 해도 중국은 늘 사후에 알게 되고 뒷북치기가 일쑤였다. 그러면서도 중국은 북한의 대량살상무기 개발을 중단시키고자하는 6자회담이라는 협의체를 만들어 의장국으로써 군림하면서 오히려 북한이 핵을 완성하고, ICBM 개발이 완성될 때까지 북한에 시간만 벌어주고 아무것도 한 것이 없는 무능한 국가로 낙인이 찍히면서 국제사회의 지탄의 대상이 되고 있다.

북한은 중국 시진핑이 혈맹관계라며 다독이고, 러시아 푸틴이 선린우호관계국이라며 호의를 베풀어도 결국은 독자 생존체제가 시급하다는 결론에 이르렀고, 그 수단으로 대량살상무기를 완성하게 된 것이다. 이런 와중에 모든 국가경제 활동의 수입구조가 모두 군사력건설에 투사됨으로써 국민경제가 도탄에 빠질 지경에 놓였는데, 설상가상으로 UN과 미국, 일본, 한국 등 국제사회의 고강도 제재로 통치자금 자체가 바닥이 날 지경에 이르게 되었다.

지금까지는 한미연합훈련을 하면, 북한 여기저기서 보랍시고 대응 미사일 발사 실험도하고, 대규모 군사훈련, 군중집회 및 군사력시위 등을 하면서 국제사회에 건재함을 과시했지만, 지금부터가 문제이다.

최근 평창 동계올림픽을 계기로 조성된 북한의 정상국가로의 회기 모습은 가히 파격적이다. 남북 정상회담, 북미 정상회담을 모두 수용하고 선 핵 실험장 폐기 등 유연한 모습과 주한미군 주둔용인, 한미 연합 군사훈련 수용 등 고난이도의 행보를 지속하고 있다. 이어서 종전선언과 평화협정까지 진행시킬 요량이다.

이 모든 것은 시간 벌기이며, 체제유지 수단이고, 이미 개발한 핵과 미사일에 대한 진정한 폐기는 엿 볼 수 없다.

정상적으로 핵을 폐기하려면, 동결하고, 신고하고, 불능상태로 만들고, IAEA의 검증을 받고, 마지막 수단으로 폐기를 해야 하는데 족히 2년 정도의 시간이 소요된다.

이 과정에 국제사회의 제재를 풀고 대규모 지원을 받아 회생을 하려는 속셈이 있다.

좀 매정하지만 위 외교적 수단은 계속이어 가드라도 완벽한 대량살상무기(핵, 미사일, 화학/생물학 무기) 폐기를 완성할 때까지 한 · 미 · 일 연합 군사훈련은 횟수를 증가해서 고강도로 진행되어야 한다.

미국이 대북협상에서 실패한 세월이 25년, 한국은 70년에 가까운 세월을 속아 넘어왔기 때문에 지금 당장이 아쉬운 북한이 국제사회에 손을 내미는 모습에 빗장을 풀게 되면 모든 것이 허사로 끝날 수 있다.

"끝 날 때까지 끝 난 게 아니다."

북한과의 대화와 협상에서는 이 말을 명심해야만 한다. 1인 독제체제, 3대 세습 독제체제, 이것을 오늘을 살아가는 한국국민은 감당해 보지 않았다. 북한을 이탈해 온 주민들에게 물어보면 백이면 백 모두 북한 상층부 10%의 속임수에 속아 살아온 지난 세월을 통탄하고 있다.

계속 4대, 5대로 영원히 백두혈통이 이어가야 한다는 유일신(唯一神)의 종교적 함의가 북한 상층부에 녹아 흐르고 있다.

이러한 비합리적인 주술사회를 제3의 힘으로 전복시켜주어야 한다. 더 늦어지면 늦어질수록 평화통일 비용은 기하급수적으로 늘어가고 민족 동질성도 희박해져서 같은 듯 다른 민족처럼 살아가야 하는 슬픈 역사가 후대를 기다릴지도 모른다.

좋은 시기가 도래하고 있고, 이미 바람은 불고 있으며, 한국을 비롯한 자유민주주의체제가 분위기를 선도해나갈 절호의 기회가 도래한 듯하다.

외교 현장에서 자주 나타나는 관용어(慣用語)가 있다. 담담 타타 타타 담담(談談 打打 打打 談談), 당근과 채찍, 벼랑 끝 전술, 살라미 전술 등, 이 모든 것이 종합적으로 함축되어 결과물을 도출해 내야만 하는 고도의 술(術)이 필요하겠지만, 필자는 북한 김정은 군사집단에게는 합법적인 더 센 압박이 들어가야만 2천만 북한 동포를 살리고 한반도에 항구적인 평화를 기대할 수 있다고 본다. 특히 북한은 이 전술에 능통하고 수도 없이 국제사와 한국과의 협상에서 즐겨 애용했던 전술이며 현재까지는 모두 성공을 거둔 전술이다.

참고로, **담담 타타 타타 담담은,** 협상 중에도 전쟁을 하고, 전쟁 중에도 협상은 한다.

당근과 채찍은, 'carrot and stick theory' 국가 간 회유와 강경책으로 소기의 목적 달성

벼랑 끝 전술은, 'brinkmanship' 위기 돌파 협상 전술, 상대에게 겁을 주어 원하는 대로 유도하기 위해 상황을 위험한 지경으로 몰고 가는 수법

살라미 전술은, 'salami tactics', 얇지만 짠 이탈리아 소시지(살라미) 먹는 방식, 하나의 카드를 여러 개로 쪼개 세분화하고 이를 단계별로 쟁점화해서 각각에 대한 보상 획득

요약한다면,

한 · 미 · 일 동맹관계를 수립하고, 3국 연합 군사훈련 횟수를 증가시켜서 실전과 같은 훈련을 해야 한다.

그래야만, 북한의 국력을 조기에 소진시키고, 전쟁지도본부의 피로와 갈등을 유발시켜서 북한 내부의 힘으로 '백두혈통 일파체제'를 종식 시킬 수 있다.

한반도에
다양한 전략자산 전개

넘치는 한반도 분위기

북한이 국제사회에 위협적인 악성국가로 등단하게된 것은, 두말할 나위 없이 대량살상무기의 개발, 실험, 실험의 성공, 상용화, 실전배치의 과정을 거치면서 주변국가에 가시적인 위협의 대상이 되고, 일부는 해외로의 이전이 이루어지는 등 국제규범을 무시하는 행위를 자행하고 있을 뿐만 아니라, 2천만 주민을 10%위 친위세력으로 옭아 묶어 놓고선 각종 제재와 탄압, 사상교화를 통해서 인권을 억압하고, 노동력을 착취하면서 마음에 들지 않으면, 무자비한 숙청과 인민재판으로 교화소, 수용소, 감옥소 등 인간다운 삶을 영위할 수 없도록 해, 민심은 점점 도탄에 빠지고, 국외 탈출 등 체제를 이탈하는 사례가 속출하여 무려 20여 만 명에 이르는 북한 주민이 조국을 이탈하여 중국, 한국, 미국 등 전 세계 곳곳으로 흩어져 방랑과 유랑을 하며 이방인 생활(Gypsy〈집시〉 생활)을 하도록 만든 국제사회 최악의 인권탄압 국가로 낙인이 찍혀 있기 때문이다. 아직도 북한 주민은 외부와 차단이 된 체, 김 씨 일가의 세뇌교육에 젖어 '백두 혈통' 만이 유일신으로 숭상하면서 맹목적인 복종과 충성을 하며 살아가고 있다.

김정은 집단은 오직, 남조선을 강점하고 있는 미제를 축출하고, 남조선을 해방시키는 것이 진정한 조국통일이고, 민족이 생존하는 길이라며 120만 인민군과 인민을 독려하고 있다.

이렇듯 북한의 당면과제는 지금 미 제국주의에 의해서 구속당하고 있는 각종 제재를 풀고, 이미 선언한 핵보유국으로의 지위를 확보해서 '김 씨 일가의 체제를 유지' 하고 나아가 국제사회에 당당한 일원으로 나서겠다는 일념에 빠져 있다.

남북, 미북 대화를 이어가면서도 먼저 '핵을 포기 하겠다'는 얘기는 절대하지 않는다.

이것은 그들의 생명줄이면서 '벼랑 끝 전술'의 마지막 카드이기 때문이다.

2018년 4월 27일 남북 정상회담이 판문점 남쪽 자유의 집에서 개최되었다.

판문점 선언 주요내용은 다음과 같다.

1. 남북 관계 개선과 발전

– 과거 남북 선언과 모든 합의 철저히 이행

– 고위급 회담 등 각 분야의 대화 · 협상 진행

– 개성 남북 공동 연락사무소 설치
– 남북 공동 행사 추진 및 국제 경기 공동 참가
– 8.15 이산가족 상봉 진행
– 동해선 · 경의선 철도와 도로 연결 등 10.4 선언 합의 사업 추진

2. 한반도 긴장 상태 완화

– 적대행위 전면 중지
– 5월 1일부터 확성기 방송 및 전단 살포 중지 및 수단 폐기
– 서해 북방한계선 일대 평화수역 지정
– 협력 · 교류를 위한 군사적 보장 대책 시행
– 5월 중 장성급 군사회담

3. 한반도 평화 체제 구축

– 불가침 합의 재확인
– 군사적 신뢰 구축에 따른 단계적 군축
– 올해 종전 선언, 평화협정 전환을 위한 남 · 북 · 미 3자 또는 남 · 북 · 미 · 중 4자 회담 추진
– **'완전한 비핵화'를 남북 '공동의 목표'로 확인**

북한 김정은이 '비핵화' 서명은 했지만, 그의 입에서는 한마디도 나오지 않았다. 미국이 요구하고 있는 '완전하고 검증 가능하며 불가역적인 비핵화(CVID : Complete verifiable Irreversible

Dismantlement)'로 가는 전단계로 본다면 다소 의미를 둘 수 있으나 '판문점 선언'은 김정은과 한국 좌파 통수권자의 '공동의 목표'일 뿐, 어떻게 비핵화 하겠다는 것인지 그 방안은 하나도 없었다.

어차피 펼쳐진 대화는 이어가야 하겠지만, 단계적으로 수순을 밟겠다든지, 대화를 더 이어가겠다는 지루한 모습을 보이면 이것은 미국이 바라는 '선 핵 폐기' 전략과는 전혀 다른 길을 가려는 것이기 때문에 단호하게 경고하고 비핵화 일지를 제출하도록 만들어야 한다. 그리고 한국은 미국과 보조를 같이하고 남북대화에 매달리는 길을 걸어가지 말아야 한다.

지금 북한은 황금어시장을 만났다. 만선의 기대에 부풀어 오히려 더 큰 거물을 던질 준비를 하고 있다.

구소련 서기장 후루시쵸프가 세계 공산화를 위해 광범위하게 펼친 기술이 있다. 바로 '평화공존전술'이다. 바꾸어 말하면 위장평화전술이고 북한의 통일전선전술이다. 김정은이 짧은 통치 기간임에도 불구하고 매우 잘 습득한 타고난 지도자의 모습이었다. 한국사회의 34세들과 비교해 보면 금세 알 수 있다. 어떻게든 체제를 유지해 보겠다는 고뇌에 찬 결기가 눈에 보였다. 그리고 걸 맞는 위장평화 공세의 모습, 즉 겸손함과 공손함, 솔직함, 부족함과 동정심까지 포괄적으로 표출시키면서도 당당함을 잃지 않는 쉽게 다룰 수 없는 범상함까지 내비치면서 한국 좌파세력들을 knock down

시키고 얻을 수 있는 것은 모두 다 얻고야 말았다.

이제 한국 좌파세력은 김정은 군사집단의 청구서에 답할 일만 남았고 김정은은 또 다른 거물을 투망할 준비만 갖추면 된다.

어렵사리 남북의 창을 두드린 것 그리고 호의적으로 나온 것에 대해 한국정부는 도취되어 있고 '노벨상'까지 점치면서 내심 기다리고 있는 잔칫집 분위기이고 말조심을 하고 있다.

북한의 청년 지도자 내외와 그 동생이 깜찍하게 움직이는 모습에 모두 이성을 잃고 신세계가 펼쳐진 것처럼 감탄을 하고 있는 분위기를 보고 그 누구도 대화의 국면에 토를 달지 못하고 칭찬과 감동, 묘한 여운에 젖어들어 있다.

정신을 차려야 한다. 지금 북한의 움직임은 상위 0.001의 광대놀음이다. 대량살상무기(핵, 미사일, 화학, 생물학 무기)에 정신이 빠져있는 현 상황 아래 2 천만 북한 주민의 인권은 절망과 통곡의 깊은 수렁에서 허우적거리고 있다.

최근 한국을 방문한 미국의 '북한 자유연합 회장 〈수잰 숄티 : 2008년 서울평화상 수상〉'는 현 좌파정권이 북한 인권 문제에 뒷걸음 치고 있는 것이 실망스럽다고 했다.

숄티 씨는 '북한의 진정한 변화를 끌어내고 평화통일을 이루기 위해선, 대북전단과 USB(Universal Serial Bus : 작은 이동식 저장장치)를 보내 북한 주민에게 진실을 알리는 일을 한국정부가 가로막지 말아야 한다.'고 했다.

미국과 국제사회는 대량살상무기 못지않게 북한 인권 문제를 비중 있게 다루고 잇는데 진즉 한국정부는 묵묵부답이다.

그날 그 Knock down **현장, 좌파들의 찬란한 '**4.27 **만찬장'**에 등단한 면면을 보는 순간 온몸에 소름이 돋았다.

한국 내 좌파 거두들을 어쩌면 그렇게 한자리에 모을 수 있었는지 정권의 뻔뻔스러운 담대함에 놀라움을 금할 수 없었다.

국민의 세금으로 그들만이 향유하는 모습을 공영방송을 통해 당당하게 비추어 내고 한반도에 평화가 온 냥 마음껏 즐기고 있었다. 모르긴 해도 과거 두 차례 평양에서의 정상회담 후에 개최된 만찬장의 모습이 그려졌다. 아마 서울의 4.27 만찬의 10배 이상은 걸쭉했을 것으로 유추된다.

TV 방영도 없었고, 김정일(김정은 선친)의 평소 통 큰 여흥문화 전력으로 비추어 보면 상상이 된다.

그러니까 좌파 거두들은 국민 모르게 이미 고급 '여흥 문화'에 잘 익숙 되어 있다는 것을 알 수 있다.

우리 국민이 그동안 놓치고 있는 것이 있었다.

북한 정권의 속내는 하나도 변한 게 없는데, 잠시 천사의 얼굴을 하니 갑자기 평화의 사도로 돌변했다.

그걸 한국의 좌파정권과 언론이 총동원되어 교묘하게 포장해 주

었고 그 주류는 반쪽자리 '그들만 추종하는 국민'의 정권이었다.

국가안보, 남북화해와 협상에는 여와 야가 없다며 그렇게 동참을 호소하는 선언과 담화, 연설, 크고 작은 회의를 개최한 것은 쇼일 뿐 진정성이 전혀 없었다는 것이다.

만찬장에 드러낸 좌파 거두들, 그들이 평소 내뱉었던 용어들에 진정성과 국민을 앞세운 발언들은 허상에 불과했다.

국민은 저들의 만면에 미소와 미사여구, 그들만의 잔치에 놀아났을 뿐, 모든 국민이 함께 갈 공간을 차단하고 있었다.

대략 그날 36명 정도, 그들에게 감흥을 받아 따르는 핵심 추종세력들을 한 명당 백 명 으로 추정해보면 한국사회 좌파 여론 주도세력 3,600 여 명이 각계각층에 포진해서 '선량한 국민'의 정서를 혼란시키고 있지 않은지 의심이 간다.

끝까지 실체를 감추고 있으려 했으나 본의 아니게 이번 기회에 '좌파의 민낯'을 모두 노출시키고 말았다.

북한 김정은 군사집단이 늘 활용하고 있는 '우리 민족끼리'를 한국의 좌파정권은 '우리 끼리'로 화답해 두견주와 문배주, 옥류관 냉면의 그윽함, 북 여(北 女) 3인의 엷은 미소, 합창, 술 따름과 건배, 사진 찍고 얼굴 알리기가 뒤엉켜 그날 밤을 향유하였다.

그 시각 국민은 반가움과 함께 비통하고 절통함을 달래느라 애연가는 줄담배를 애주가는 깡 소주로 쓰라림을 다스리며 어서 빨리 '만찬의 잔 부딪치는 생방송'이 끝나기만을 기다리고 있었다.

그리고 좌파 대통령은 외쳤다.

국민 여러분 ! 이제 전쟁은 없을 것이며 한반도에 항구적인 평화가 정착될 것이라고 …

전쟁의 속성도 모르면서 전쟁과 평화를 날로 먹으려고 하는 가벼움이 넘쳤다.

인류 전쟁 역사에서 전쟁이 일어날 것처럼 비상하고 비장한 분위기에서 전쟁이 일어난 적이 한 번도 없다. 모두 활발한 대화와 교류를 이어가든 중 부지불식간에 일어났었다.

과거 좌파의 선배 대통령, 김대중, 노무현 두 사람도 '북한 노동당 일당 독재자'를 만나고 내려오면서 하나 같이 '전쟁은 없다'고 했다. 그런대 전쟁 보다 더 무서운 핵과 미사일을 연신 실험하고 이제는 명실상부한 보유국임을 만천하에 공포한 후 '보유국 지위' 확보를 위해 온갖 책동을 다 부리고 있다.

북한 핵이 최우선 과제로 부각되고 있는 것은 미국과 일본이 직접적인 사정권 내에 들어가기 때문이다. 그러나 '북한인권' 문제는 그들 국가와는 솔직히 별개의 문제이다.

하지만 국제사회 최상위의 인권국가인 미국과 일본이 반드시 이어서 다루게 될 과제임은 틀림없다.

그런데 한국의 정치 지도자는 북한 인권에는 아예 무관심하고 북한의 눈치를 보고 있다. 지금의 분위기가 절호의 기회라 생각하고 경계의 눈초리 하나 없이 마구 빗장을 풀기 시작하면 국가안보의 최 일선이 같이 녹아내린다는 것을 알아야한다.

지금 한국사회는 김정은의 평화공존 전술에 말려들어 있다.

이럴 때일수록 국방부, 국군 수뇌부는 정신을 차리고 본연의 임무에 충실해야 하고, 예비역 장성/장교 연합도 매의 눈초리로 감시를 해야만 한다. 정권 특히 외교통일 분야, 국가정보 분야가 허덕이는 모습이 보이면 단호하게 차단해야만 한다.

국민은 하나도 더 나아진 게 없는 척박한 삶의 현장에서 다른 세상에 눈 돌릴 틈바구니 없이 그냥 TV에 비치는 허상에 속아 넘어갈 수도 있기 때문에 단단히 보호해야만 한다.

왜냐하면 군대는 국민의 군대이고, 국가안보의 최후 보루이기 때문이다.

훗날 한반도가 통일이 되면, 반드시 우리에게 불어 닥치게 될 것으로 예상되는 3가지 유형의 큰 바람이 있다.

첫째는 남북한 동질성 회복을 위한 동화작업을 위해서 새마을 바람이 불 것이고

둘째는 북한 지역의 낙후된 인프라(기반시설 : 도로, 철도, 전기, 수도, 가스 등)구축을 위한 요란한 굉음이 울릴 것이며

셋째는 김 씨 정권에 맹종했던 적색분자들의 색출과 가담 정도를 가리는 정풍바람이 일 것이다.

지금 친북 성향 좌파들이 전전 긍긍하는 것은 통일의 날이 생각하는 것보다 빠르게 가까워지는 것으로서 어떻게 하든 하루라도 그 시기를 늦추어 보려고 애 써는 모습이 그대로 눈에 비치고 있다.

김 씨 일가가 애지중지 했던 한국 내 거두(巨頭), 총책(總責)이 누구인지 무척 궁금하기도 하고, 이를 필두로 한 '친북 용공 분자 인명사전'이 공개 되는 것이 매우 기대 된다.

미국 전략자산 전개가 김정은 군사집단에게 주는 충격

한 국가의 군사력 건설은, 자국의 경제력과 지도자의 관심 그리고 주적이 되는 국가의 군사력 수준을 기준으로 건설이 된다. 그런데 상대 국가 동맹국의 군사력이 불 쑥 연합이 되어버리면 답이 없게 된다. 그래서 그 국가는 또 다른 동맹을 맺으면서 군사력의 균형을 갖추게 된다.

'연합훈련의 횟수' 못지않게 김정은 군사집단에게 압박감을 주는 것이 '전략자산의 전개'이다.

이 또한 동맹국가 간의 합법적인 군사적 교류로서 그 누구의 제재도 받지 않는다.

한국은 과거 이승만 대통령의 깊은 혜안으로 국제사회에서 최상의 경제력과 군사력, 보편적인 자유민주주의 규범을 지키면서 '국제경찰'로써의 역할을 훌륭히 해내고 있는 미국이라는 걸출한 나라와 한미동맹이라는 '상호방위조약'을 국가 간 공식협정으로 체결하여 한국의 국가안보와 경제건설 두 마리 토끼를 다 잡았다. 아울러 28,500명의 주한미군을 상주하게 하여 신뢰를 담보하고 한국의 국가 신인도를 드높여 외교, 통상, 투자유치 등 국가 간 교류를 함에 있어서 국가안보의 리스크를 잠재울 수 있었다. 북한과 중국, 러시아 북방 3각은 한 · 미를 이간질 하려고 70년에 이르는 동안 갖은 책동(전쟁, 국지전, 무장공비, 간첩, 경제적 압박, 등)을 시도했지만 무위로 돌아갔고 시대는 바야흐로 동서(東西) 냉전이 종식되고, 공산주의가 소멸되었지만 지구상에서 유일하게 북한만이 중국과 러시아를 배경으로 '3대 세습독재라는 유일체제유지'를 위해 몸부림을 치고 있다.

그 세습독재 강화와 영구존속을 위해 보험처럼 자행한 '대량살상무기 개발과 인권탄압'이 빌미가 되어 체제존속에 비상등이 켜졌다. 여기에 자극을 받은 북한은 한국 좌파정권의 보살핌 아래 국제무대로 본격적인 돌파구를 찾고 있다.

북한의 '국가전략 기획 천재'들은 야심차게 그동안 짧은 기간에 놀라울 정도로 풋내기 야생마 김정은을 잘 조련한 듯하다.

그 결과물이 남 · 북 정상회담에서 나타났고 여세를 몰아 북 · 중 정상회담, 미 · 북 정상회담까지 한달음에 치고 나가고 있다. 앞으로 어떠한 국제무대에 나타나도 북한이라는 집단을 지켜내는데 손색없을 정도로 자신감이 돋보이는 지도자의 모습이 비쳐졌다.

오히려 경험이 일천한 한국정부가 끌려들어가고 말려들어 가는 모습이 역력했다.

이런 모습으로는 그 어떤 강공정책도 구사할 수 없다.

좌파 정권은 통일에 관심이 없는 듯하다.

관심은 있되, 그냥 물 흘러가듯 시류에 맡겨야지 그 어떤 인위적 제재나 압력은 가하지 말아야 한다는 모습으로 비춰진다.

즉 북한은 그들만의 정치이념으로, 그들만의 색깔을 지향해서 죽이 되던 밥이 되던, 인민이야 죽든 살든 알아서 하란 모습이고, 한국 정부는 과거 햇볕과 포용정책을 그대로 답습해서 언젠가 좋은 날이 오기만을 기다리는, 북한의 신경을 건드리지 않는, 순한 양떼들의 집단 그대로이다.

북한 김정은이 '대량살상무기(핵, 미사일, 화학, 생물학 무기)'를 완전 폐기하겠다는 것은 구두선에 불과하고 그럴 의향이 없다. 그리고 북한 인권 문제에 대해서는 내정간섭으로 보고 괘념치 말라는 식이고, 개혁 · 개방은 알아서 할 것이니 신경들 끄라는 식이다.

위 세 가지 중에서 어느 한 가지라도 실행에 옮겼다가는 '유일체제'가 삽시간에 무너진다는 생각을 하고 있기 때문에 김정은의 속내는 복잡하게 돌아가고 있다. 끝까지 숨기든지 버텨보겠다는 것이 그들의 진심이다.

최근 북한의 국제사회 등단은 고육지책이고, 시간 벌기이며, 이참에 북방 3각동맹의 결속(중 · 러의 밀착)을 다져서 현재의 입지를 더욱 강화하겠다는 대전략이 숨어 있다.

이러한 북한식 전략이 공공연한데도 불구하고 대화와 타협, 협상으로 아까운 시간을 허비하는 것은 2천만 북한 동포들에게는 백해무익한 자해행위와 마찬가지이다.

따라서 **'숨 쉴 틈 없는 휘몰아침만이 약'**이 **될 수 있다.**

그 약은, 매정하겠지만 다양한 전략자산 전개로 북한 정권의 운신의 폭을 좁히고, 국력을 소진하도록 만들어야 한다.

북한의 핵과 미사일을 포함한 대량살상무기가 한국의 머리를 짓누르고 있기 때문에 당연히 그 무게 중심을 옮길 필요가 있다. 그리고 북한은 그것을 각오해야만 한다.

북한의 대량살상무기가 남한을 겨냥한 것이 아니라는 말도 안 되는 궤변을 전혀 귀에 담을 필요가 없다.

그리고 같은 민족, 같은 동포인데 어떻게 다 죽어가는 사람을 그렇게 더 짓밟을 수 있느냐 그냥 이대로 쭉 살았으면 좋겠다며 자비로움을 베풀려는 집단도 있다.

북한이 과거의 북한이 아니라고 하며 땡강 부리는 존재로 여겨서는 안 된다고도 한다. 지도자가 바뀌었고, 그 지도자는 서방 교육을 받았다며 찬사를 아끼지 않는다. 김정은 집단을 경제적으로 포용도하고, 북한 핵 해결에 틈바구니를 인정해야 한다는 구세주들이 점점 등장하고 있다. 한국사회에서 미국에서 박사 받고, 전문지식 쌓아온 사람들이 미국을 더 몰아세우고 한미동맹을 불신하는 이른바 친북 좌파 계열이 상당히 많은 것은 어떻게 해석해야 하는지 서방교육의 아이러니를 편의적으로 해석하지 말아야 한다.

국제질서는 자비롭고, 은혜롭게만 흘러가지 않는다. 중국은, 대만(臺灣 : 타이완)을 중국의 일부라며 철저하게 독립국가로의 길을 막고 국제무대에 얼굴 내미는 자체를 차단하고 있다. 뿐만 아니라 티베트란 소수민족이 독립을 하겠다는데 중국의 일부라며 강경통치를 하고 있고, 언어 전통 관습 생활양식 등 모 든 게 다른 '위구르 자치 소수민족'이 독립하겠다는데 유혈 진압으로 숨통을 조이고 있다.

러시아는 우크라이나의 크림반도를 강제 점령해 버렸다.

이렇듯 국제질서는 강자(强者)의 질서이며 그들의 군사력, 경제력으로 그냥 휘몰아치며 나가고 있다.

북한은 독특하고 특수한 집단이다.

3대 세습, 유일체제, 유일신, 김 씨 왕조 국가, 백두혈통, 병영국가 등 21세기 마지막 남은 노동당 1당 독재국가 이다.

여기에서 10%가 2천만 인민을 사상과 이념으로 옭아 묶어 인간다운 삶을 영위하지 못하게 하고 있다.

한국으로 온 3만여 명의 북한 주민, 그리고 중국을 비롯해서 세계 각지에 유랑하는 20여 만 명의 북한 주민들이 그것을 증명하고 있다.

그중 극소수의 골수분자가 나타나서 그동안 저지른 죄악을 살짝 감추며 만면에 미소를 머금고, 앞으로 잘 해 보겠다며 국제무대에 나서는 것을 어여삐 보고 자비로움과 감동의 물결로 넘실되도록 만든 것은 언론의 과장이고, 좌파정권의 파격 행보이다. 정권이 앞서서 전쟁이 끝났다든지, 항구적인 평화가 정착되리라는 쌍 무지개를 띠운 것은 국가안보의 빗장을 다 풀어재낀 것이나 다를 바 없다. 이것은 눈에 보이지 않는 2천만 북한 동포와 한국 내 3만의 북한 이탈 주민, 20여 만의 애달픈 해외 유랑 동포를 깊은 수렁의 사지(死地)로 몰고 있다는 것을 알아야 한다. 이들 북한 동포들은 달콤한 대화와 협상은 체제유지를 위한 항구적인 수단일 뿐, 김 씨 일족체제가 무너지지 않는다는 것을 잘 알고 있다.

필자의 주장은 0.001%(김정은 핵심 집단)를 희생시켜서 99.999%를 살리는 '민족 대전략'을 구사하자는 것이다.

한국 내 상주시켜야 할 전략자산으로는,

첫째, 최소한 F-22 랩터(Raptor:맹금류) 스텔스(Stealth:레이더 미 포착) 전투기 2개 편대(8대)와 사드 1개 포대(4문)를 추가 배치하는 것이다.

1. F-22 랩터 기는, 괌이나 오키나와 가네다 기지를 이륙해서

날아오는 것에 비해 전쟁 반응 속도를 5~6시간 단축시킬 수 있고, 김정은의 평소 운신의 폭을 대폭 감축시킬 수 있다. 즉 북한이 내 세우고 있는 군사전략 중에 '기습공격'의 효과를 반감시킬 수 있기 때문에, 사실상 평소에는 전쟁억제 수단으로 전시에는 UN군의 기습공격 수단과 김정은 참수 수단으로 유용하게 활용할 수 있다.

아울러 중국의 군사굴기에 대항마 역할을 할 수 있다. 중국이 추진하고 있는 '항모전단'의 전략적 운용에 엄청난 제한을 가할 수 있다. 중국 항모 2척은 모두 서해안 랴오둥 반도와 산둥반도에 배치됨으로서 이 두 척을 완전 무용지물로 만들 수 있는 최상의 수단이 된다.

2. 사드 1개 포대 추가는, 평택 주한미군 기지 인근에 배치해서 성주 사드와 함께 한반도 전역을 커버함은 물론 중국 북부전구까지 커버함으로써 중국의 한반도 진입 가능성을 차단할 수 있고, 특히 중국 항모의 활동을 감시할 수 있다.

둘째, EA-18G 그라울라(Growler) 4대를 배치한다.

전쟁 초기 제공권 장악을 위해 필요한 수단이다.

전자전 공격기로써 북한 수호이기를 비롯해서 중국의 젠20, 젠31 스텔스기를 무력화 시킬 수 있고, 러시아의 수호이 57 스텔스기까지 무력화 시킬 수 있다.

아울러 북한 전쟁지도본부와 평양 인근의 KN-06/SA-5 요격미사일을 조기에 파괴 시킬 수 있는 공대지 미사일까지 장착되어 있다.

셋째, 그레이 이글-MQ-1C 무인폭격기 6대를 배치한다.

미 공군의 신형 공격형 무인기로써 유사시에 김정은 탑승 차량 제거와 미사일 발사대 정밀 타격, 평양 인근 활주로를 폭파하는데 유용하게 활용할 수 있다. 헬 파이어 대전차 미사일 4발과 바이퍼 스트라이커 정밀 유도폭탄 4발 씩 장착되어 있다.

넷째, 항공모함 1척을 동해상에 배치한다.

칼빈슨 호나 로널드 레이건 호 중 1척을 동해 울릉도 인근에 상시 배치하여 임무 대기를 하도록 한다. 아울러 울릉도에 해군 기지를 건설해서 한국 해군 구축함의 엄호를 받는 항공모함 정박 기지를 건설한다.

항공모함은 상징적 의미와 함께 다른 전략자산들에게 시너지 효과를 증진시키고 중국과 러시아 전략자산들의 활동 폭을 제한시킬 수 있다.

다섯째, 전술핵 배치에 대해서는

북한의 비핵화가 진전이 없고 계속해서 대량살상무기 실험이 지속된다면, 심각하게 고려해야할 전략자산이다.

혹자는 북한과 중국이 전략핵을 보유하고 있는데 전술핵은 무용지물이라고 하며 평가절하 시키는 발언을 하고 있다.

이는 전쟁과 핵전쟁에 대한 문외한들이 '인터넷 지식'만 가지고 그럴듯하게 포장하는 것으로써 바로잡아야할 부분이다.

즉 한반도와 같이 전장의 폭이 좁고 종심이 얕은 전장 환경에서는 굳이 전략핵을 투발할 필요가 없다.

전술핵은, 위력이 20kt 이하의 폭발력을 가졌고 투발 수단 역시 야포나 단거리 미사일에 장착할 수 있으며,

전략핵은 위력이 20kt 이상으로써 투발 수단 역시 ICBM 이나 SLBM에 장착할 수 있다.

참고로 히로시마와 나가사키 원폭 위력이 15kt 이었음에도 일본이 항복 선언을 할 정도로 피해가 막심 했다.

따라서 전략, 전술핵 구분 없이 한 발이라도 투발이 되면 게임은 끝나게 되어있다. 따라서 전쟁과 핵공격의 억제 수단으로써의 '전술핵' 배치는 아주 유용한 수단이다.

요약한다면,

미국 전략자산의 한반도 상시 배치는, 보다 고난이도의 '적극적인 국가안보 행위'임에는 틀림없다.

우려스러운 점이 한 두 가지가 아니다.

첫째, 북방 3각의 안보 딜레마에 따른 또 다른 군비증강과 반발이 예상되고, 특히 중국의 경제제재는 불 보듯 뻔하다.

이것은 남방 3각 동맹 만 매끄럽게 돌아간다면 무사히 극복할 수 있다. 오히려 중국의 고립을 자초하게 만들 수 있다.

왜냐하면 '악의 축 북한'을 감싸 돌고 있는 중국의 모습이 스스로 백일하에 들어내게 됨으로써 국제사회는 중국의 민낯을 볼 수 있기 때문이다.

둘째, 미국의 흔쾌한 승인을 장담하기 어렵다.

한반도가 미국의 세계전략에 차지하는 비중이다. 이 비중을 결정하는데 미국 국내 사정보다는 한국의 국민정서가 좌우할 수 있다. 미국의 대 한반도 전략에 대해 한국 국민이 마뜩잖게 여기는 분위기가 우세해 지면 문제가 달라진다.

지금의 좌파 진보의 행각처럼 북한을 무조건 포용하려하는 분위기가 대세로 흐르면, 고 위험을 감수하는 최신 군사력의 움직임을 주저하게 될 것이다.

그러나 현재까지의 동북아 정세 흐름을 눈여겨보았다면, 중국은 한국을 아주 쉬운 상대로 여기고 있다는 것을 파악했을 것이다. 돈독한 한미동맹의 바탕 없이는 한국의 이정표가 흔들린다는 엄연한 현실을 감안한 결정을 하게 될 것으로 본다.

셋째, 상시 주둔 비용 문제가 뒤따른다.

이 비용을 한국이 부담하드라도 전략자산 추가 배치는 해야만 한다. 국제 신인도 상승으로 투자유치, 교역증가 등의 효과가 따를 수 있고, 국방개혁(군비축소)을 통한 국방비 절약효과를 볼 수 있다. 초기에는 60:40 이어서 80:20, 나아가 전액을 한국이 부담해서라도 동맹국의 자존심을 북돋우는 수준으로 나갈 수 있다.

북한은 여지없이 안보 딜레마에 직면하게 되고, 더욱 많은 국가 예산을 국방비에 투사해야함은 물론, 김정은의 동선(動線) 노출에 많은 제한을 받게 된다. 그 여파로 민생경제는 도탄에 빠지게 되고 김 씨 일족은 민심으로부터 버림을 받게 될 것이다.

한국 스스로 제재 및 자구책 강구

개 요

북한 핵을 해결하기 위한 당사자는 한국이다.

그러나 북한은 한국을 게임의 상대로 여기질 않는다.

오로지 미국과의 대화에만 전력을 기우리고 있다. 한국과 군사동맹을 맺고 있고, 한반도에 미군을 주둔시키면서, 한미 연합훈련을 지속적으로 시행하고, 이따금 주요 전략자산을 배치하는 미국의 군사력 움직임이 여간 성가신 게 아니다.

게다가 국제사회에 악성국가로의 지정과 심각한 각종 제재는 북한의 숨통을 조이고 있다.

한국은 당사국이면서 UN과 미국의 제재에 동참해야할 의무가 있다. 최근 북한산 석탄을 선적한 선박이 러시아 산으로 세탁하여 한국의 항구 여러 곳에서 환적과 화물 하치를 하는 것이 발각되었다.

이것을 몰랐다는 것도 문제가 있고 알면서도 묵인을 했으면 더욱 큰 문제이다. 가뜩이나 한국의 대북정책을 못마땅하게 여기는 미국과 국제사회에 신뢰의 금이 갈 수 있다.

이 와중에서도 북한은 한국정부에게 국제 제재 틀속에서 빠져나와 남북 정상회담 정신(상호교류)을 계승하라며 닦달하고 있고, 한국 외교 당국은 '개성공단 재가동'을 UN제재 틀에서 제외시켜 달라며 요청했지만 거절 당하고 말았다.

이런 엄혹한 국제외교 환경아래서 대북제재를 위한 국제공조에 한 치의 누수 현상이 없도록 해야만 한다.

북한의 국가전략 목표는,

1차적으로는 체제수호이고, 2차적으로는 핵보유국지위를 확보하는 것이며, 궁극적으로는 남조선을 적화통일해서 **'조선반도에 김씨 왕국을 건설'**하겠다는 것이다.

이 과정에서 다양한 소도구로 활용하고 있는 것은,

첫째, 북한 인민의 피와 땀이고,

둘째, 중국과 러시아의 변함없는 무한 지원이며,

셋째, 남조선 진보(좌파)정권의 대화 접근과 중재 역할,

넷째, 미국과 일본의 국내정치 상황으로써, 트럼프의 공화당 중간선거와 본인의 재선 문제, 아베의 정권 연장과 일본 내 반전 분위기이다.

김정은의 야망을 단숨에 무너뜨리고 신신 조각 낼 수 있는 것은, 전쟁도, 트럼프, 시진핑, 푸틴, 아베의 외교술도 한국정부의 대화술도 아닌, 통치자의 구국의지와 국민적 대 결단을 통한 '수도를 이전'하는 것이다.

북한은 이미 1968년 1월 21일 김정은 선대(김일성) 시절에 무장공비를 침투시켜 청와대 인근까지 접근해 본 경험이 있다.

서울 정도는 강 건너 마실 다녀올 정도로 친근해 있으며 지금도 쉼 없이 가상모형을 만들어 침투훈련을 하고 있다.

아울러 필자는 다음과 같은 강력한 자구책을 강구해서 국민에게 한반도의 안보환경을 알려드리고, 함께 나아가서 북한으로 하여금 대량살상무기 보유가 북한 존립에 아무런 도움이 되질 못한다는 것을 실증적으로 보여줄 필요가 있다고 보았다.

한국 스스로 내실을 단단하게 엮을 수 있는 다음과 같은 굵직한 자구책을 제시 한다.

첫째, 수도를 이전(서울 → 대구) 하자

둘째, 국가 비상기획위원회를 부활시키자

셋째, 학생 교련교육을 부활시키자

넷째, 한미동맹 강화와 전시작전통제권 환수를 유보하자

다섯째, 국방개혁의 핵심을 구현하자

위 내용에 대한 실천 방법과 타당성을 하나하나 보고 드리려고 한다.

수도를 이전하자(서울 → 대구)

수도이전에 대해서는,

입법, 사법, 행정 기능 모두를 이전하여 한양(서울)으로의 천도 이후 630여년 만에 맛보는, 명실상부한 새로운 천년시대를 위한 대역사를 말한다.

현재 세종특별자치시 소재 정부 기능은 그대로 두는 것을 원칙으로 한다. 필요시(행정 편의상) 부분적으로 대구로 통합시킬 수 있다.

따라서 현재 서울의 청와대, 국방부, 합참, 법원 검찰, 국회의사당의 시설은 그대로 두고 특수목적으로 활용한다는 개념이다. 대신 평상시에는 융통성 있게 활용할 수 있다. 즉 국제회의 개최, 전방지휘소로 운영, 군사교육 및 각종 연구기관으로 활용, 부분적인 매각 등, 씀씀이는 무궁무진할 수 있다. 하지만 역사적인 대사업이라 우려되는 부분 또한 만만치 않다. 추가 예산을 투자해야 하는 문제, 기존 서울시민들의 상실감은 어떻게 해야 할지 하는 문제, 국제적인 신인도에 미치는 영향 즉 한반도가 불안하다며 국외 투자자들이 이탈하면 어떻게 할 것인지 하는 등의 우려도 예상 해 볼 수 있다. 실제 시도를 하게 된다면 사전 공론화와 공청회 등 국내외 여론 환기를 위한 공개적인 노력이 필요하다. 최종적으로 국민투

표까지 시도해야 할 국가대사 이다. 이토록 중대한 사항을 제시하는 이유는 다소의 불편함과 소요예산을 우리 국민이 감수하더라도 '전쟁을 하지 않고 북한 정권을 주저앉게 만드는 길'이 있다면 시도해 볼만한 충분한 가치가 있다는 확신이 있기 때문이다.

일반적으로 전쟁을 결심하는 측의 최종 목표는 상대 국가의 중추신경이 집결되어 있는 수도를 지향하게 된다. 가장 최소의 전쟁경비로서 최대 전쟁 결과를 획득할 수 있는 길이기 때문이다. 반면에 2차 세계대전 당시 미국은 일본의 항복을 받아 내기 위해 수도와 멀리 떨어진 '히로시마와 나가사키'에 원자폭탄을 투하한 전례가 있다. 이것은 최대 전쟁 경비로서 최대의 희생이라는 전쟁 결과를 불러 온 비효율적이면서 비 인륜적이라는 비판에 직면하기도 했다. 최근 미국의 이라크 침공도 유사 하지만 일반적으로 수도를 비껴 공격하여 성공하는 것은 절대 강자가 약자에게 행하는 전쟁의 유형으로서 한반도의 안보상황과는 비견하기 곤란하다.

필자가 주장하는 것은, 국가균형 발전이나 특정지역의 발전과는 무관한 오직 국가안보에만 초점을 맞춘 것이라는 것을 먼저 말해 둔다. 필자는 수년전부터(since 1999.6~) 우리 한국의 산야를 두루두루 섭렵하기 시작 했다. 즉 한국에 있는 모든 산맥과 주요산들을 모두 다녔고, 특히 한국전쟁과 관련된 주요 전적지에 대해서 별도의 통로를 통해 입수한 중공군의 '항미원조전사'(抗美援助戰史)를 휴대하고 적(敵)의 입장에서 모든 작전지역을 답사 하면서 기존 한국전쟁사에 오류를 찾아내고 새로이 수정 보완하는 작업을 했다. 이러한 과정을 거치는 동안 필자는, '한국방어'에 관해 나름의 확고한 개념이 정립 되었다. **'수도 이전'**이란 수단을 통해서 북한 김정은 군사집단과 '싸우지 않고도 이길 수 있는 길'이 있다. 는 것을 발견했다. 수도가 서울에 있음으로서 늘 서울 불바다 론과 3일 이면 수도 서울을 점령할 수 있다. 는 등의 협박성 위협을 자주 듣게 된다. 과거 한국전쟁을 통해서 우리는 이미 경험을 한바가 있다. 3일 만에 서울이 점령당했고 수도권에 거주 했던 많은 주요 인사들이 납북되기도 했다. 과거 경험을 바탕으로 현재 우리 국군의 대비책은 꾸준히 발전되고 있지만 공격 위주의 무기체계와 부대 편제를 갖춘 북한의 군사전략은 여전히 수도 서울에 초점을 맞추고 있다. 휴전선으로부터 불과 60km란 거리는 수십 년간 전쟁을 준비한 측의 입장에서 보면 너무나 만만 하게 보일 수 있다. 대한민국 성장 동력에 약 70%가 집결되어 있는 곳, 한국의 전쟁지도본부가 포진되어 있는 곳, 북한은 이곳에 수도가 계속 존치되기를 학수고대하고 있을 것이다. 얼마 전 세종시로 수도가 이전 된다고 했을 때, 겉으로 표현은 않았지만 북한은 가슴이 철렁 했을 것으로 생각된다. 北의 입장에서는 다행히 행정 수도만 옮기게 되고 국군통수권자와 국방부가 서울에 남게 됨으로써 안도에 한숨을 쉬었을 것이다. 하지만 순수 국가안보 측면으로만 보면 세종시는 수도가 위치하기에는 부적합한 도시이다. 배산(背山)이 없이 황량한 들판으로만 형성되어 있기 때문이다. 한 때는 현재 3군 본부가 위치한 계룡대 지역을 수도 예상지역으로 생각하기도 했었지만 그동안 북한의 장사정포 개발이 눈부실 정도로 진화 했다. 계룡대 지역은 지금 서울 북한산과 같은 천연 요새로 형성되어 있다. 이것은 적과 접적하고 있는 국가에서는 필수 요건이다. 지상군으로 수도를 방위할 수 있는 배산(背山)이 있고 적의 직사, 곡사화기로부터 직접적인 피해를 방지할 수 있기 때문이다. 그렇다면 새로운 수도가 위치할만한 적격지로는 어디가 좋을까?

결론부터 얘기 하자면, 필자가 심도 있게 점찍어 둔 곳은 바로 **대구광역시(이하, 대구시)**이다. 이곳으로 수도가 이전하게 된다면, 북한은 남침계획(무기체계, 군사전략)을 전면 수정 또는 폐기해야 하며 새로운 계획을 수립해서 적정 수준에 이르게 하기까지는 최소한 10년이란 기간이 소요 되고 전쟁 경비 또한 지금에 10배 이상을 준비해야만 가능 하다. 지금의 북한체제와 국가경영 시스템으로는 곧 바로 파국의 길로 접어들 수 있다.

이곳은 천혜의 요새가 2, 3중으로 형성되어 있을 뿐만 아니라 기존에 교통망을 특별히 손댈 필요 없이 제한된 인프라 구축으로 가능한 곳이다.

구체적으로 필자가 제시한 이유에 대한 적합성 여부를 진단해 보기로 한다. 크게 ①북한의 위협 정도, ②지형적 여건, ③소요 예산, ④국내·외적 신인도 ⑤현대사적 의미를 담아서 순으로 이유와 의미를 기술하였다.

첫째, 북한의 위협 정도를 살펴보면,

북한의 속셈에는, 결국은 가장 가까운 거리에 위치한 한국의 심장 · 중추신경이 집결되어 있는 수도 서울을 3일 이내에 점령 · 확보함으로써 전쟁을 조기에 종결 시킨다는 것이다. 현재 지구상에서 적국과 국경을 맞대고 있는 국가들 중에서 가장 불리한 여건이면서도 마치 호수 위에 노닐며 우아하게 비치는 백조가 물밑에선 쉼 없이 발을 움직이고 있듯, 우리는 발등에 불덩어리를 올려놓고 오른발 왼발 등에 숨죽이며 옮기면서 애써 의연한 척하고 있다. 뿐만 아니라 ①북한 군사력의 70% 이상이 평양~원산이남 지하에 배치되어 명령만 내리면 특별한 준비 없이 곧바로 남침을 개시할 수 있도록 모든 준비가 되어 있다. ②일반적으로 우리는 북한의 경제 사정이 좋지 않아 전면전쟁 도발은 감히 꿈도 꿀 수 없다고 생각하고 있다. 북한은 이점을 십분 활용하면서 한국사회를 농락하고 있다. 기습 남침을 감행해서 수도권을 확보하게 된다면, 한국 성장 동력의 70% 이상이 집결 되어 있는 곳에 자원을 대폭 활용해서 각종 전쟁 경비(유류, 식량, 생필품 등)를 벌충할 수 있다는 계산이다. 이와 별도로 북한은, 기본적으로 전쟁예비물자를 3~6개월분 확보하고 있어서 현재의 경제 사정과는 전혀 부관하게 전쟁을 계획하고 집행 할 수 있다. 따라서 대구시는, 북한의 기습 남침 전략과 속전속결전략에 말려들지 않을 수 있을 뿐만 아니라 북한이 동시 다발로 발사가 가능한 자주포, 방사포 사거리 밖에(우리의 미사일 방어체계로 방어가 곤란함) 위치함으로써 일시에 무력화 되는 상황을 피할 수 있으며, 설령 수도권이 점령되더라도 살아남은 전쟁지도본부가 대전략이란 통치술로 전쟁을 지연시켜, 과거 한국전쟁 때 인천상륙작전과 같은 전략적 절단을 북한의 남포, 원산 지역에 시도하여 재 반격을 할 수 있다. 이 전략의 전제는 한미동맹의 돈독함과 전시작전통제권이 미군에 있고 한미연합사가 존치 되는 것을 전제로 한다.

이제 수도를 한반도에서 가장 안정적인 곳에 정착시켜 두고 이 곳을 발판으로 새로운 천년시대를 펼쳐 나갔으면 한다.

둘째, 지형적 여건 면에 있어서,

현재 수도 서울의 지형적 여건은 절묘하다. 그러나 휴전선으로부터 너무 지근거리에 위치하여 북한의 군사전략에 고스란히 노출되는 것이 큰 흠이다.

대구시는 1차적으로 북으로는 소백산맥이 동에서 서로 휘감고 있으며, 동으로는 태백산맥이 북에서 남으로 드리워져 있다. 2차적으로는 낙동강이 늘 적정량의 수량을 유지하면서 북에서 남으로 유유히 흐르고 있으며, 한국전쟁 당시 낙동강 전선이 한국의 생명줄을 지켜준 천혜의 전략요충지였음은 누구나 다 알고 있다. 현재는 4대강사업으로 강변 둑을 보완하여 군사전략적으로도 유용하게 활용할 수 있도록 되어있다. 주요 고지(高地)로는 북쪽으로 유학산(839), 백운산(713) 가산(901.6)이, 동으로는 팔공산(1192.9), 서로는 앞산(660.3) 남으로는 주암산(846.1) 등이 병풍처럼 에워싸고 있어서 대구를 분지의 도시라고 부르기도 한다. 그 외 200~300m의 중, 소 봉우리들이 수없이 도시를 감싸고 있어 천혜의 요새를 방불케 하고 있다. 특히 대구 북쪽 백운산과 가산 사이에 위치한 '다부동'은 한국전쟁 최대 격전지 중에 한 곳으로서 대구를 지키는데 결정적인 역할을 한 곳이다. 지금 그 곳에는 '다부동전적비'가 세워져 당시에 참혹한 혈전을 되새겨 볼 수 있다. 아울러 경부선 철도, KTX, 경부고속도로, 4통8달의 교통망, 공항 등 기본적인 인프라가 잘 구축 되어 있다. 아울러 인접한 김천, 안동, 구미, 상주, 경주, 포항, 영천, 경산 등에 잘 구축되어 있는 도시 기반 시설들은 수도 이전에 따른 공직자들의 주거 및 근무 여건 충족에도 많은 보탬이 될 수 있다. 특히 장려할만한 것은 현재 제2작전사령부 시설과 체력단련장(골프장)을 그대로 활용할 수 있다는 점이고 (제2작전사령부는, 필자의 국방개혁 프로젝트에서 해체 대상임), 대구공항(동구 동촌 소재) 이전 지역을 활용하면 국회, 법원 검찰청이 들어가고도 남을 공간이 있다. 국내 어느 곳과 견주어도 국가안보에 관한한 비견이 될 수 없을 정도로 완벽한 곳이라고 생각한다.

한 가지 흠이라면, 세종시와 이격된 거리 문제를 충족시키지 못하고 현재의 난제를 그대로 안고 가는 단점은 있다. 그러나 이 정도는 한반도에 안녕과 항구적인 평화 구축을 위한 출산의 고통이라

여겨 극복함으로써 훌륭한 운동자를 탄생 시킬 수 있다는 통 큰 결단에 동참한다는 한 수 위의 성숙한 국민적 의지를 보였으면 한다. 수도 건설을 위한 특별한 모험적 조치 없이 북한 김정은 군사집단의 간담을 서늘하게 하고 그들의 무기체계와 군사교리 변경에 천문학적 예산과 노력을 투자할 수밖에 없도록 만들 수 있다는 것은, 이게 바로 '왕도의 비책'이 아닌가 생각 한다.

셋째, 소요 예산 측면이다.

'수도 이전'의 타당성 여부를 떠나서 현실적으로, 폭발적으로 증가하는 복지 및 교육예산을 비롯하여 각종 정부 예산 마련에도 전전긍긍 하는 판에 세종시 건설에 이어 또다시 '수도 이전'이라는 거대한 국가적 사업을 펼쳐야 하느냐는 부정적 시각이 먼저 떠오르게 된다.

그럼에도 불구하고 위기에서 기회를 포착할 줄 아는 대망(大望)의 통찰력이 있다면, 지난 IMF 구제금융 지원을 받으면서 모두가 허리를 졸라매며 씀씀이를 줄이고 있을 때, 오히려 연구개발에 투자하고, 생산 설비를 증가 시키고, 직원을 해고하지 않은 기업들이 그 어려운 파고를 지나 정상 항해를 할 때, 더욱 고속 항진을 해서 기업을 번창 시켰다는 일화들을 참고할 필요가 있다. 지금 국가의 형편이 여러 가지로 어려울 때, 국론이 여러 갈래로 나뉘어져 분열이 심할 때 일수록 국가 백년대계를 위한 왕도(王道)를 찾아 나설 필요가 있다. 방만하게 국가 예산을 집행하고 있는 정부와 지방자치단체들, 공항 건설 후 텅텅 비워 놓으면서 매년 끝없이 예산을 투자해야하고 10년 20년 후에도 비전이 보이질 않아 애물단지로 전락해 있고, 경전철 이다. 산업단지다. 하며 거대 예산을 투자 하고도 상용화를 못시키면서 예산은 계속 투자해야 하는 물 먹는 하마들, 호화 청사, 무분별한 국제행사 개최 등 이런 것에 비하면 '수도 이전'은 소요 예산에 비해 기대효과가 만만치 않다. 세종시 건설비용이 대략 5조 3,600억 이라 하고, 광주광역시 아시아 문화재단 건립비가 약 8,000억 원 이라고 한다.

그렇다면 대구로의 수도 이전에는 약 2조 원 정도만 투자 하면 가능 하다는 계산이 나온다. 규모나 이미 구축되어 있는 인프라를 기준으로 해서 이다. (기존 시설을 매각한다면, 1조 이하로 낮출 수 있다.)

2조원 투자로써, 북한으로 하여금 새로운 10/20조원을 투자하게 만들 수 있다. 북한을 스스로 국가 파산의 길로 들어서게 할 수 있고, 중국으로 하여금 더 이상 밑 빠진 독에 물을 붓지 않도록 하게 하는 가장 빠른 길이 될 수 있다. 그 돈이면, 대학생 등록금을 감해 줄 수 있고, 전국에 유아원을 짓고 무상 급식비, 양육비를 충당할 수 있는데 차라리 북한과 타협하고, 대화하고, 적당하게 뇌물을 공여해서(과거 정권 당시, 현금주고, 쌀, 비료, 시멘트 등 준 것과 같은) 유야무야 하면서 지내다 보면 좋은 날이 올 것을 너무 앞서서 박차고 나가는 것 아니냐 하고 격한 반론을 제시할 수도 있다. 그렇다. 그렇게 살아가는 길이 있긴 하지만 이것은 북한을 몰라도 너무 모르는 행위 이다. 북한과 같은 악성 일당 독제체제 집단은 상대가 만만하게 보이면 그 약점을 집요하게 물고 늘어지는 습성이 있다. 주어도 또 퍼주어도 끝이 보이질 않고, 그 요구 단위는 자꾸만 높아 가고, 종국에는 피 한 방울 흘리지 않고 북한에게 말 잘 듣는 위성 정권 마냥(과거 중국에 조공을 받쳤던 것처럼) 만들어 버린다. 이미 경험 했듯이 북한은 단순한 대화만으로는 소통이 되질 않는다. 무언가 갖다 바쳐야만 대화가 이루어지는 곳이라는 것을 익히 알고 있기에 민간차원의 순수한 교류는 이어가되, 선군정치(先軍政治)를 하는 북한의 군사전략에 말리지 않는 대응책은, 다소 예산이 투자되더라도 국민적인 공감대가 형성되어 과감하게 추진되었으면 한다.

넷째, 국내 · 외적 신인도(信認度)면에서는,

수도를 남쪽으로 이전하자는 이슈에 대해 국내, 국제적인 반향은 어떤 모습으로 나타나게 될까? 위 첫째, 둘째, 셋째 면 보다 더 심각하게 와 닿는 요소 이다. 그래서 예부터 도읍을 결정하는 문제는 그 왕조, 국가의 명운과 같다고 보아 심사숙고를 했었다. 고구려가 국내성에서 평양으로의 천도한 것은 국내성의 귀족세력들을 약화시켜 왕권을 강화 하자는데 뜻이 있었고, 고려는 수군이 발달되지 않은 원나라의 침략으로부터 나라를 보위하기 위해 개경에서 강화도로 천도를 하였으나, 다시 개경으로 재천도 후에는 원에게 굴복 당하였다. 이어서 조선은 고려의 치욕스런 역사를 반복하지 않기 위해 북한산, 남산, 낙산, 인왕산의 정기를 이어받는다는 한양으로 도읍을 옮겼다. 이렇듯 당대에 이름난 책사들의 조언을 받아 옮긴 수도들은 나름대로 수 백 년 씩 전통과 명맥을 이어 갔다.

고대전쟁 메커니즘과 현대전쟁을 단순 비교하기에는 많은 어려움이 있지만 국가를 보위하고자 하는 충심은 변함이 없음을 알 수 있다. 현대전쟁은 고도 정밀무기에 의한 효과 중심작전을 위주로 한다. 이라크와 아프가니스탄, 리비아 등에서 전개된 작전에 대해 우리는 보도를 통해서 많이 봐 왔다. 그렇다면 북한 정도의 군사력은 언뜻 보기에는 미국의 마음먹기에 따라서 아무것도 아니라는 계산이 나온다. 실제 그렇게 될까? 북한 경제가 어렵다고해서 우습게 보는 것은 엄청난 오류를 불러 일어 킬 수 있다. 북한군사집단이 믿고 있는 구석은 바로 한반도가 형성되어 있는 지세와 이를 기본으로 하여 과거 한국전쟁에서의 패전 경험을 바탕으로 독자 개발한 독특한 한반도 형 군사전략 때문이다. 휴전선을 중심으로 전장(戰場)의 정면이 248km, 종심이 남 · 북 각 약420km, 이곳에 1 대간(백두대간: 백두산에서 지리산), 1 정간(장백정간: 함경도 지역), 13개의 정맥이 동서로 뻗어 있다. 종합하면 국토의 70%가 화강암층으로 이루어진 동서로 지세가 뻗은 산악지대이다. 미국의 현대화전쟁 효과가 반감될 수밖에 없는 태생적 한계가 있다는 것이다. 방어에 유리하고 공격에 불리한 조건이면서 장비 중심의 기동화된 작전보다 비정규전 즉 특수부대에 의한 작전이 효율적이기 때문이다. 따라서 북한은 대량살상무기(핵, 미사일, 화생무기) 개발과 함께 특수부대를 10만에서 20만으로 증강 시키면서 현대전을 무력화 시킬 수 있는 사이버전부대 까지 대폭 증강 시켜 한 · 미 연합작전에 대비하고 유사시 한반도전쟁에 대한 자신감에 넘쳐 있다. 뿐만 아니라 각종 재래식무기(소총–각종 포–전차–방사포, 함정, 잠수정, 전투기 등) 개발에도 박차를 가하여 사거리와 성능, 보유 수량을 계속 증강 시키고 있다. 기습작전만 성공 할 수 있다면 한번 붙을 만 하다는 것이 그들의 속내이다. 따라서 평소 특수부대를 양성하고 한국 내 고정간첩과 종북세력 확장에 수단과 방법을 가리지 않는 것이 그 이유이다. 기습작전에 성공요인은 특수전부대의 역량에 달려 있고 특수전부대의 성공요인에는 바로 한국 내 북한의 애국역량(고정간첩+종북세력)의 지지에 달려 있기 때문이다. 애국역량의 지지란, 평소 다양한 정보 제공과 북한 침투부대원의 안내, 신변보호, 물자(무기, 탄약, 식량, 복장 등)지원, 한국 시민사회에 대한 유언비어 유포(남남 갈등, 국제사회로 부터 고립 조장) 등을 말한다. 북한의 군사전략대로, 그들의 책략에 말려들어 부지불식간에 기습을 당하여 주한미군을 포함한 한국군이 속수무책으로 밀리게 된다는 가정을 해 보면, 휴전선에서 불과 60여 km에 위치한 수도 서울은 안녕하며 전쟁지도본부(대통령을 포함한 국방 수뇌부)는 제 기능을 발휘하게 될까?

이를 기초로 국제사회의 신인도는 결정된다고 보아야 한다. 북한

군사집단이 쉽게 한국군의 심장부를 겨냥할 수 없고 그들의 군사 전략을 대폭 수정할 수 있게 만들 수 있다면(3일 이내 수도 서울 점령) 국제사회는 북한의 위협이 어느 정도 상존하더라도 주한미군과 한국군의 메커니즘(전시작전통제권 현 체제 유지)에 변화가 없다는 전제 하에 수도를 남쪽으로 이전하는데 모두 환영하리라 생각하고 한반도 투자에 대한 리스크도 잠재울 수 있다. 국내적 상황도 일부에서 국가가 서울을 포기하는 것 아니냐?는 우려와 불만도 있을 수 있겠으나 현 서울의 방어 시스템을 그대로 유지시켜 두는 것을 전제로 수도를 남으로 이전을 하게 되면 각종 우려를 불식 시킬 수 있다.

아울러 차제에 지금의 서울은 군부대가 전혀 없는 금융과 문화/관광 중심의 평화의 도시로 새롭게 단장하여 이른바 미국 뉴욕과 같은 smart city로 탈바꿈시켜 세계만방에 공식적으로 **"서울 평화씨티"** 제정을 선포하고, 아울러 K-pop 발상지로도 지정하게 되면 수도 이전에 따른 국내 · 국제적 신인도에도 크게 영향을 미치지 않을 것이다.

참고로 수도가 있는 곳이 꼭 그 국가의 제1 도시가 되라는 법이 없다. 미국의 수도 워싱턴과 제1도시 뉴욕, 호주 수도 캔버러와 시드니, 뉴질랜드 수도 웰링턴과 오클랜드, 인도 수도 뉴델리와 뭄바이, 중국 수도 베이징과 상하이 또는 홍콩 등 세계적인 흐름도 여건만 갖추어 진다면 분리/분산시키는 추세이다. 하물며 적과 대치하고 있는 국가에서 수도가 바로 적의 코 밑에 두고 있는 나라는 지구상에서 우리나라 밖에 없다. 이걸 자신감인지 무감각인지 외국

투자자들은 오히려 어리둥절해 한다. 훌륭한 입지적 여건이 갖추어져 있고, KTX 1시간, 항공기 30분의 거리에 수도와 제1 도시가 위치해 있으면 큰 나라에서는 바로 이웃 정도로 여기는 풍조이다.

지금 수도권에서 서울 도심까지 진입하려면 1시간 이상 소요되고 있다. 수도가 옮기게 되면 한 시간 이내로 단축 될 수도 있다. 따라서 국내 · 외적 신인도는 오히려 급상승할 수가 있다.

→ 대구시로 수도가 이전되게 되면, 대구와 경상북도를 단일 자치지역으로 묶어 가칭 '대구 경북 특별시'로 승격하여 수도로서의 면모를 갖추게 된다. 이는 단지 '수도이전'이라는 타이틀에 만족하고 안주할 것이 아니라 이 도시는 '21세기형 뉴 캐피탈'이 되도록 전면 재개편이 이루어져야 한다. 예를 들자면, 바이오 에코 도시로서 100% 천연가스, 전기, 수소를 사용하는 차량만 출입한다든지, 각종 농수축산물 생산을 100% 유기농으로 생산한다든지, 낙동강 수계를 천연수에 가깝도록 관리한다든지, 하고 이에 따른 일환으로 교육, 복지, 문화, 환경, 주거, 교통, 고용 등을 일신해서 21세기형 도시 모델로서 표본 사례가 되도록 하고 남북통일이 되었을 때, 북한지역 도시개발에 선험사례로 활용할 수 있도록 해야 한다. 통일될 시, 북한 평양 역시 '평양특별시'로 개발하는데 위 모델을 참고하면 훨씬 수월한 한반도 통합이 이루어 질 수 있다.

다섯째, 현대사적 의미를 담아서,

이조 500년, 현대 정치체제로의 70여 년, 고려에서 한양으로 천도를 한 후 조선과 대한제국, 대한민국에서 벌어진 고난의 역사는 가히 하늘을 찌를 듯 놀라운 사건 사고들로 점철되어 있다. 그 한 가운데 수도 서울이 자리 잡고 있다.

명/청/침략, 일제의 강점, 만주/ 중일/ 러일/ 청일 전쟁의 길목과 뒷마당에서 겪은 수많은 수모, 2차 세계대전의 직 · 간접피해(전쟁물자 수탈, 위안부), 6.25 한국전쟁의 직접 피해 당사자, 이런 굵직한 소용돌이를 헤쳐 나온 놀라운 민족정신이 수도 서울에 서려있다. 그러나 피폐해진 민심과 사회상에서 스스로 살아남아야 하는 민초 개개인의 감성이랄까 인성은 좁은 한반도이지만 각 지방 마다 그 지역 특성에 맞게 생성, 발달, 계승되어 오늘날에 국민 정서로 이어 진다.

그 과정에서 민주화란 시대적 요구에 따라 대통령 중심제로의 정치발전은 그때그때 시대정신에 부합하는 인물을 선출해서 국가를 통치케 하여 나름 오늘날 세계 속의 한국이라는 당당한 국가로 성장 발전하는데 원동력이 되기도 했다.

여기까지가 **수도 서울**을 꽃피운 한계점에 도달한 것으로 평가를 한다.

그동안 우리는 너무 가슴 아픈 현대사의 질곡을 경험했다.

나의 일이 아니고 그들만의 세계에서 펼쳐진 역사의 현장이라며 외면하기에는 애달프고, 후손과 자라나는 2세에게 꿈과 희망을 얘기하기조차 부끄럽다.

바로, 이승만 대통령의 하야와 망명, 타국에서 서거, 박정희 대통령의 시해, 전두환, 노태우 대통령의 징역, 김영삼 대통령 자식의 징역, 김대중 대통령 자식의 징역, 노무현 대통령의 서거, 박근혜 대통령의 탄핵과 구속, 이명박 대통령의 구속.

인류 역사에서 찾아보기 힘든 독특한 기현상이 좁은 한반도 그 남쪽 **수도 서울**에서 연이어 벌어진 기상천외한 사건들이다.

이것을 어떻게 평가해야하는지. 훗날 역사의 기록으로 슬쩍 넘기고 모른 체 하면 되는 것인지. 그냥 손을 떼기에는 후손들에게 너무 큰 부담을 넘겨주는 것 같다.

어떤 이들은 정치 시스템의 잘못이라 하고, 즉 해방이 되고 한국전쟁을 겪으면서 사분오열된 사회상을 바로잡기 위해 카리스마 있는 리더십이 필요했고, 그들에게 절대 권력을 부여한 결과가 긴 세월 동안 타성이 되어버려 큰 폐해로 나타난 종합적인 결과물이라고도 한다.

필자는 일부 동의를 하면서 전혀 다른 곳에서 그 원인을 발견하게 되었다.

수도 서울은 더 이상 발전적으로 성장할 여유가 없다.

어떤 한계점에 이르렀으며 이제 외적 보여주기 식 성장보다 내부적으로 요모조모 가꾸면서 아름답게 변화시킬 참신한 지도자가 요구되는 시점이다.

지금의 수도 서울은,

빈부 격차, 부의 편중현상이 극심하고, 각자 노는 물이 다르게 흐르고 있어서 상상력도, 꿈과 희망도 현격한 차이를 보이고, 동화와 조화란 단어를 잊고 산지 오래되어 삭막한 도회지 그 자체이다.

돈의 흐름도 ①상류층 주변만 돌고 있는 돈, ②악성 사채업자, 조직폭력배 주변만 돌고 있는 암흑가의 돈, ③정치권과 공권력주변에 돌고 있는 돈, ④중산층이 떨어뜨리는 낙전을 중심으로 서민들에서 맴돌고 있는 돈이 확연히 구분됨으로써 서민은 늘 배가 고프고 허기가 지며 앞을 내다볼 수 없어 웃음을 잃고 있다. 즉 1, 2, 3의 돈은 서울 돈의 70% 이상 점유하고 있으면서 서울 상공에서 맴돌고 있다. 상공에서 중산층과 서민에세 떨어지는 것은 불과 5%도 되질 않는다.

그 돈으로(5%) 아랫사람을 뉘 집 개 부리 듯하며, 갑질 또 갑질, 목구멍이 포도청인 서민은 서울에 발을 들여 놓은 것을 내 탓으로 돌리면서 울며 겨자 먹기 식으로 또 오늘을 살아간다.

그들만의 세계가 펼쳐지고 있는 것이다.

이를 간파한 머리 좋은 지도자들은 근원적인 해결책은 내동댕이치고 정부 예산을 쌈짓돈 마냥 쏙쏙 빼내어, 복지란 이름을 빌려 퍼주고 또 퍼주고 그것을 받는 측은 감사의 표현으로 다음 선거에 또 당선시켜주고 또 복지 예산을 더 얹어주고 이렇게 악순환이 반복되는 동안 국민정서는 공적 개념의 가치 즉 공공의 이익이란 민주사회의 보편적 삶의 지표가 무너져버렸고 먼저 보고 먼저 먹는 것이 임자라는 동물의 왕국처럼 변해가고 있다.

이유는 좁은 바닥에 너무 많은 사람이 모여 산다는 점이다.

서울의 인구 밀도가 세계 대도시들 중에 1위라는 오명을 가지고 있다. (서울 17,473명/km^2, 도쿄 13,401명/km^2, 뉴욕 10,483명/km^2, 파리 8,401명/km^2)

이 속에서 아귀다툼이 일어나지 않는 것이 비정상이라 할 정도로 심각한 수준에 이르렀다.

혁신도시라고해서 주요 공기업을 지방으로 분산시켜도 마찬가지고, 세종특별자치시를 만들어 정부부처를 옮겨도 마찬가지이다.

중앙정부를 비롯해서 입법, 사법, 언론, 금융, 의료, 유력대학, 문화공간, 체육시설 등 모든 공적 영역이 몰려 있으니 지방으로 간 것은 빈껍데기만 간 것이나 다름없다.

이제 서울은 수도로써 수명을 다 했다.

숨 가쁘게 돌아갔던 인왕산 밑 용궁 터를 시민들에게 돌려주어 그곳에서 역사를 좌지우지하는 큰판은 지워야만 한다.

그동안 몸에 맞지 않는 너무 큰 옷을 입었었고, 그릇에 맞지 않는 너무 많은 물을 담으려고 무리수를 두었다.

지금까지는 어쩔 수 없이 분에 넘치는 대역사를 쓰기 위해 그곳에서 주로 은밀한 계략을 세웠다면, 이제 인왕산 일대의 철조망을 걷어 숨통을 터주고 민초들의 너털웃음이 만개하는 삶의 현장으로 새 단장을 하게 되면 서울은 되살아나고 한국의 국운(國運)을 융성하게 하는 원동력이 되어 다시 탄생 하리라 믿어 의심치 않는다.

국가적으로 아까운 인재들을 정치 소용돌이로 몰아넣어 소진한 세월이 60여년, 한 집안의 대들보요 국난 극복에 몸을 사른 국가 전략 기획 천재들이 더 이상 정치적 계략에 휘말리지 않고 오직 국리민복을 위해 가진 역량을 투사할 수 있도록 국민이 나서서 해결해야 할 중대한 시점에 도달하였다.

수도 서울 시대를 마감시키는 것이다.

Since 1392 ~ 이래, 국난 극복과 조국 근대화를 위해 견인차 역할을 톡톡히 해낸 수도 서울, 이제 그만 양기(陽氣)를 다 소진해 버려 더 이상 버틸 여력이 없는 인왕산 큰 줄기를 서울 시민과 국민이 나서서 숨 쉴 틈을 열어 주어야 한다. 다시 새로운 500년 1000년을 위해 마음이 편안한 곳, 정서적으로 안정감을 심어주는 곳, 금수저를 용납하지 않는 곳, 개천에서 용이 날 수 있는 곳, 돈의 흐름이 위아래 좌우로 선순환 하는 곳, 약자를 배려하고 정을 줄 수 있는 곳, 국가위난에 홀연히 뛰어들 수 있는 곳, 그곳에서 마음 편히 국가전략을 기획하고, 역사를 설계할 수 있도록 수도를 옮기는 것이 대한민국을 살리는 유일한 길임을, 감히 필자는 믿어 의심치 않는다.

마무리 하자면,

수도가 옮겨 갈 '대구경북'의 특징은 국운을 융성하게하고, 국운이 흔들리지 않게 지탱해 주며, 대(大)국운과 함께 온 국민의 운명을 대길(大吉)하게 할 길운이 감도는 명소이다.

신라 천년의 역사가 고증하고, 한국전쟁 당시 국가운명이 누란의 위기에 닥쳤을 때 마지막 보루로서 그 본분을 다 한 것을 근대사가 증명하고 있으며, 대한민국 대통령 다섯 분이 배출되었고, 대한민국 최대 기업 삼성을 탄생시킨 상징적인 터전임을 현대사가 증명하고 있다. 아울러 한반도 지리학적 형세로 보면 더 이상 설명이 필요 없어진다. → 시베리아, 연해주, 몽골, 간도의 기운을 품은 백두산 정기가 쭉 남쪽으로 뻗다가 태백산, 소백산에 이르러 한줄기는 낙동정맥이라는 이름으로 보현산, 팔공산, 가지산을 거쳐 부산 금정산으로, 또 한줄기는 백두대간이라는 이름으로 속리산, 덕유산 경유 지리산으로 이르게 되는 한 중앙에 '대구경북'이 위치하고 있다. 마치 공룡이 알을 품고 있는(신라 시조 박혁거세가 알에서 태어 낳듯) 그 보금자리에 포근하게 자리 잡아 우주를 향해 용틀임 하는 형상이다. 게다가 태백산을 발원으로 하는 낙동강 700리가 또 그 한 가운데를 유유히 흐르면서 음과 양의 조화를 절묘하게 아우르고 기세를 몰아 큰 바다에 이르면서 오대양을 넉넉하게 품고도 남을만한 왕가슴 까지 가지고 있다. → 고대 신라가 삼국통일을 이루었듯이 대구경북을 수도로 하는 한국은 남북통일의 대업을 이루게 될 것이다. 그야말로 대한민국의 국운을 지탱할 수 있는 길지(吉地)이다.

반면에 서울은,

수도가 없더라도 얼마든지 자생력을 확보할 수 있다.

오히려 자치단체장의 시정 장악력이 확대됨으로써 독자적으로 명품 도시를 설계하고 smart 한 서울을 만들 수 있다.

그동안 본의 아니게 각종 집회와 지역 이기주의에 볼모가 되어 서울답지 않은 추태가 도심을 가득 메웠던 비정상 사태들이 사라지게 됨으로써 한국을 방문하는 세계인들에게 좋은 인상을 심어 줄 뿐만 아니라 서울의 도시 기능이 매끄럽게 돌아갈 수 있다.

무엇보다 피부에 와 닿는 변화의 바람을 맛볼 수 있는 것은, 마음 편히 잠들 수 있다는 점이다.

서울 불바다 소리는 역사 속으로 사라지고, 각종 교통통제, 중앙차원의 각종 행사, 집회 등이 없어짐으로써 도시 분위기가 정중동하게 돌아가게 되어 심리적인 안정감을 맛볼 수 있게 된다.

중앙정부가 곁에 있음으로써 시민에게 도움이 되는 것은 극히 미미한 부분뿐이다. 관청 주변 일부와 관련 거래처 정도이고 이로써 상실감이나 박탈감 같은 것은 가질 필요가 없다.

오히려 그동안 관청 주변 일대의 개발제한이나 출입통제 등으로 불편을 겪은 것이 더 많았다는 여론이 있다.

현 시점에 정체되어 있는 서울, 더 이상 발전 전망이 보이질 않는 서울을 시민이 나서서 가꾸고, 지방 자치단체가 전력을 투사하는 바람직한 동거문화가 어우러져서 시너지 효과를 나타냄으로써 현재의 서울을 한 차원 업그레이드시킬 수 있다. 그 대안 중에 가장 큰 비중을 차지하는 것이 바로 수도를 옮기는 일이다.

서울 속의 수도는 오직 걸림돌이 될 뿐, 그 이상도 이하도 아닌 계륵(鷄肋) 같은 존재이다.

좌편향의 진보 성향 서울시장도 서울을 살리는 방법 중에 하나로 수도를 옮기는 일에 동의 한다는 말을 했다.

국가 비상기획이원회 부활

UN으로부터 인정받은 국가들은 어떤 형태로든 자국의 안보환경에 걸맞는 안전보장을 위해 다양한 장치를 하게 된다. 대표적으로 군대를 양성할 수 있고, 치안을 위해 경찰을 둘 수 있다. 더불어 총력안보 태세 유지를 위해 예비군이나 민방위 등의 조직을 갖추어 국민의 생명과 재산, 영토를 보위하기 위한 만반의 준비를 하게 된다. 단순한 준비로 끝나면 오히려 하지 않는 것 보다 못한 경우가 많이 있다. 전쟁 또는 유사시에 필요한 것이라서 한 때 법석되다가 곧 잊어버리고 실제 필요할 때 무용지물이 되어 아무런 손 쓸 수 없는 경우가 비일비재 하다. 연평도포격사건 시에 평소 준비해 두었던 방공호(대피소)가 그러 했고, 지하철이나, 각 가정에 비치해 두고 있는 방독면이나 소화기가 그러하다. 상식적으로 우리 사회에서 위기관리에 가장 민감하고 생활화 되어 있는 최고의 집단은 군대이고 군인들이다. 이어서 경찰이나 소방대원들을 들 수 있다. 일반 공무원이나 공공기관, 회사의 직원, 민간인 들은 저마다의 직분이 따로 있기 때문에 위 3인방들을 믿고 따르면 된다. 따라서 전시대비 업무는 평소에는 관심을 둘 수 없을 뿐만 아니라 관심을 두지 않아도 되지만, 수시로 경각심을 일깨워 주고 일반인들을 대신해서 평소 차근차근 준비를 해서 꼭 필요할 때 요긴하게 적용할 수 있도록 하는 독립된 기구와 시스템이 필요한 것이다.

국가비상기획위원회(國家非常企劃委員會: National Emergency Planning Commission)는 비상 대비 업무에 관한 정책 수립, 비상 대비계획 수립, 비상대비 교육훈련, 비상대비 업무에 관한 국제협력 등 비상 업무를 총괄 조정하는 사무를 관장하는 대한민국의 중앙행정기관이었다. 2007년 4월 27일 비상기획위원회로 개편하여 발족하였으며, 2008년 2월 29일 행정안전부에 소관 업무가 이관됨으로써 폐지되었다.

주요업무를 세분화 해 보면 ① 군사작전 지원, 정부 유지 기능, 국민생활 안정과 관련한 비상대비계획의 수립 ② 국가 비상사태 시 병력과 동원업체 종사자 또는 기술인력 등의 인적자원의 동원 업무 수행 ③ 식량, 공산품 수송장비 등의 물자와 제조업체, 건설업체, 수송업체 등의 물적자원의 동원업무 수행 ④ 물자비축, 시설확보, 동원훈련 자원조사 등의 비상대비 능력 제고를 위한 사업 ⑤ 비상 대비계획의 실효성을 검토하고 전시업무 수행 절차를 숙달시키기 위한 종합훈련 등이다.

국가 비상사태 하에서 국가의 인력 · 물자 등의 자원을 효율적으로 활용할 수 있도록 하는 비상대비 업무를 총괄 · 조정하기 위하여 설치된 기구가 국민들이 잠시 무심 했던 틈을 이용해서 어느 날 사라지고 말았다. 안전행정부 관할 일개 국(局)으로 전락해서 명맥을 유지하고 있다. 안타까운 현실이 아닐 수 없다. 이 한 가지만 보아도 우리 정부가, 우리 국회가, 말로만 안보, 안보 하면서 생색을 내고 있다는 것을 여실히 증명 해주고 있다. 과거 국무총리 직속 국가 비상기획위원회(차관급)로 있을 당시에 편성된 한 해 예산이 불과 100 억 원(인건비 80억, 사업비 20억) 이었다. 경전철 운영에 1 조원 예산 낭비, 호화 지방자치단체 청사 건설에 수 천 억 원 등, 도대체 어떻게 하는 것이 현명한 국가경영 일까? 작은 정부를 외칠 때 마다 전시대비 기능을 손보고, 평소 가시적으로 성과가 나타나질 않는다고 근무하는 직원을 홀대하고 또는 그 곳에 근무하는 것을 무능으로 몰아치는 비겁한 현실 때문에 사라져도 아무도 보고 싶다고, 아프다고 하소연 하질 않는다. 매년 국정감사를 하는 국회의원마저 무관심하고, 국민들은 몰라서 무관심하고, 여 · 야당에 군 장성 출신들이 포진 되어도 매 한가지로 무심해서, 악순환이 반복되는 기현상이 안보환경이 절박하다며 난리 법석이는 우리에게 펼쳐진 실상이다.

백억을 투자해서 그 어렵고 복잡한 전시대비 업무를 국민들이 잠시 숨 돌리고 생업에 전념할 수 있다면, 그래서 국가안보가 튼튼해질 수 있다면, 이보다 더 다행한 일이 있을 수 있겠는가. 더 멀리서 더 새로운 곳에서 비방을 찾으려 에너지 소비를 하지 말고, 이미 검증이 끝난 가까운 곳에서 해결책을 모색하도록 하자. 불필요한 곳에 낭비 하는 것 그 일부만 돌려주면 된다. '전쟁을 준비하는 자 그대에게 분명한 평화가 도래할지니 태평성대일수록 그 때 고삐를 당기면서 하나하나 준비하라' 이건 성경의 구절이 아닌 평범한 전쟁준칙의 일부이다. 특별히 전시 또는 비상대비 관련 직위 종사자(

민사군정, 동원, 계엄, 상황근무, 편제 및 제도발전, 전비태세근무, 무기체계, 공안, 대공, 등)들에게 자부심과 긍지를 가질 수 있도록 인센티브와 배려로 전문가들이 양성 되도록 하자. → 나는 생업에만 열중하고 누구인가가 평소에 차근차근 전쟁 준비를 좀 해 준다면 이 얼마나 다행스럽고 고마운 일인가.

북한이 미사일과 핵 실험을 마구 해되는데도 국민은 어디에서 무엇을 해야 하는지 모르고 맘 한구석 늘 찜찜하면서도 설마 내게 무슨 큰 일이 닥치겠느냐, 내가 살아 있는 동안 별 일 있겠나 하며 애써 고개를 돌리고 있다.

이런 걱정을 깔끔하게 정리해 주는 곳이 바로 '국가비상기획위원회' 이다.

학생 교련교육 부활

왜 뜬금없이 고리타분한 발상을 하느냐고 꾸지람을 할 수도 있겠다. 이제 다 잊고 옛날 개그에서나 접해 봄직한 소재를 들고 나오는 저의가 무엇이냐? 며 맹비난하는 소리가 귓가에 맴돌고 있다. 이 프로젝트는 우리 사회를 우경화 한다든지, 군사문화로 젖게 한다든지 하는 황당무계한 구상이 아니다. 필자가 모든 힐난을 한 몸으로 받는 한이 있더라도 지금쯤 공론화 시켜서 조금은 다른 차원으로(군사목적 55%, 인성목적 30%, 사회규범 목적 15%) 이 문제를 접근해 보는 보다 열린사회를 기대하며 제기해 보려고 하는 것이다. 질풍노도의 중2, 사춘기는 점점 그 연령층이 낮아지고, 봇물처럼 진화하며 쏟아져 나오는 각종 유해매체들, 그 속에서 개인들이 자제를 하려해도 도저히 할 수 없을 정도로 수위를 뛰어 넘어버린 범람하는 상업적 유혹들, 또한 그 어떤 존경 받는 어른이나 교육자들의 진솔한 가르침에도 한계를 초월해 버린 무방비 상태의 사회 그늘들, 무너진 교권, 이를 묵인하고 부추기고, 수수방관하고 있는 공적인 영역들, 지금 한국사회는 이들과 전쟁 아닌 전쟁을 치르고, 병들어 가고 있다. 이를 공적이고, 합법적인 영역의 힘을 빌려서 자연스럽게 치유해 나가는 길이 있다면, 우린 모른 척하고 그곳에 한 번 맡겨서 가정의 평화와 사회의 평화, 미래의 꿈을 실현해 볼 수도 있지 않겠는가! 가정적으로는 돈 한 푼도 들어가지 않고, 개인적으로는 국방의 의무도 수행하고, 교육적, 사회적으로는 맑고 밝은 사회를 조성시킬 수 있고, 국가적으로는 국가의 미래를 짊어질 대들보들을 밝고, 건강하게 지켜 줄 수 있고, 일석 다목적 절호의 기회를 잡아야만 한다고 생각한다.

참고로 북한의 실태를 소개해 보면,

북한은 후비 역량으로, ① 교도대(우리 동원예비군)의 경우, 일반 교도대는 40세~60세, 대학 교도대는 20세~25세로 2학년 때, 6개월의 입영훈련을 받으며, 주로 후방 군단에 배치된다. ② 전투 동원 대상자로, 남자는 17세~50세, 여자는 17세~30세이다. ③ 노농적위대(우리 일반예비군 또는 민방위대)의 경우, 남자는 17세~60세, 여자는 30세로 구성 된다. ④ **붉은 청년 근위대(과거 우리의 교련교육)의 경우, 14세~16세로 구성되며, 매주 토요일 4시간씩 년 간 160시간 훈련을 받고, 특히 방학 동안 7일간 병영입소훈련을 받는다. 오직 군사교육과 체제수호를 위한 유일사상 교육에 전력을 투사하고 있다.**

이제 어떤 한계를 뛰어 넘어버린 청소년 문제는, 국가안보라는 차원이라기보다는 국가 백년대계 차원에서 다루어야만 마땅하다는 여론이 비등하다. 가정에 맡겨두자니 그 시기에 부모들은 눈코 뜰 겨를 없이 바쁘다. 학교에 맡겨두자니 교권이 감당해야할 선을 이미 넘어 버렸다.

서로 눈치 보며 팔자소관에 맡기고 애써 외면하면서 살얼음판을 걷고 있다.

군대가 본연의 임무 수행에도 온갖 일들이 벌어지는데 이런 엄청난 소임을 또 맡기게 되면 너무 큰 과부하가 걸리지나 안을까 큰 걱정이 된다. '군사혁명'에 버금가는 이 시대의 소명을 겸허하게 받아들이는 큰 결단으로 '하면 된다.'는 각오와 '국민의 생명과 재산, 영토를 보호 한다.'는 군대 본연의 임무를 상기해서라도 기꺼이 이 프로젝트를 수용했으면 하는 바람이다.

① 국무총리 산하에 가칭 '학생 교련교육 발전 위원회'. 를 두어 국방부, 교육부, 문화체육부 등 관련 부서를 관장했으면 한다.(예산 편성, 교육과목 선정, 지도지침 제정 등 수행)

② 교련교육은, 중 2,3학년, 고 1,2학년, 대학 1,2학년 남녀 학생 모두를 대상으로 하고, 여름과 겨울방학 기간을 이용하여 1주간 씩 병영소집 교육을 한다.

③이 교육을 모두 이수하게 되면, 12주(3개월)를 마치게 되며, 대신 이수한 만큼 국방의무기간에서 감해 준다. 즉, 육군 21개월에서 18개월, 해군 23개월에서 20개월, 공군 24개월에서 21개월로 단축이 되며, 여성의 경우에는 별도의 혜택을 부여하지 않고 스스로 군복무에 봉사한 것으로 간주한다. 그 외 공익근무, 의무경찰, 대체복무 등에도 같은 조건을 적용한다.

다만, 각종 정당한 사유로 병영소집에 응하지 못했을 경우에는 그 기간만큼 군 의무복무기간을 더해야만 한다.

④ 교련교육을 위한 교관(교사)은 각 학교 1명 기준으로 별도 채

용을 한다. 중학교에는, 육해공군 전투병과장교 중, 소위급 중에서, 고등학교와 대학교에는 대위, 소령급 중에서 공개 공채로 선발한다. 여학교에는 여군 장교 출신을 우선 배치하도록 한다. 이들은 소집교육기간동안에는 군부대 통제하의 교관으로서, 평소에는 학교 내 사정에 따라 일반 정식교사와 동등한 자격과 대우를 받도록 한다.

⑤ 병영소집 교육의 책임은 학교가 위치한 해당 지역 군부대장에게 있으며, 교육대장(예비역 중, 소령 급)과 기간 장교 및 부사관 병사 10명 이내로 약식 편성하고, 교관은 각 학교 교련 교사를 차출해서 임명한다.

⑤ 병영소집 기간 중 교육은, 군사교육의 경우, 소총을 완벽하게 다루고, 군대예절과 제식동작을 숙달 시키는 수준으로, 인성교육은, 충효와 성교육, 각종 중독, 학교 폭력 현상 등에 바탕을 둔 시청각 교육에 중점을 두고, 사회규범 교육은, 기초질서, 안전 등 체험학습에 중점을 두었으면 한다. 전체적으로 교육 분위기를 '화기애애(和氣靄靄)' 한 가운데 정중동(鄭重動) 할 수 있도록 이끌어 나가야 하며, 군대식 일변도는 지양해야 한다.

⑥ 병영소집 교육은, 학교 인근 군부대 입소를 원칙으로 하고, 일반직인 절차는 현행 각 군 훈련소, 여군 훈련소 규정과 동일하게 한다. 성교육 들 특수한 분야는 저명인사 초빙교육으로 대체 할 수도 있다.

⑦ 기타 과거 교련교육사례를 참고하고, 가칭 '교련교육 발전위

원회'에서 세부적으로 제정하도록 한다.

→ 초기 혼란과 흥분은 예상되지만, 그 결과물은 실로 우리사회 전체 분위기를 일신 시킬 수 있는 대혁신의 새 바람이 불게 될 것이다.

→ 즉 평소 부담 가는 자녀교육도 맡기고, 국방의무 복무기간도 단축되고, 더불어 왕따, 학교폭력, 성 관련 사건 사고들 이 모두를 한꺼번에 해결할 수 있는 이 시대의 '신의 한수'라고 자신 있게 애기할 수 있다.

→ 군은 군복무 부적격자를 사전에 선별할 수 있는 기회도 될 수 있다.

→ 정권 차원에서는, 감히 이 시점에 거론하기 거북한 주제일 수 있기 때문에 상대적으로 부담이 덜한 필자가 객관적으로 제기해 본 것이다.

→ 이렇게 되면 북한이 줄기차게 시도하고 있는 '남조선 적화'의 길은요 원하게 된다.

한미동맹 강화와 전지 작전통제권 환수 유보

이해를 돕기 위한 용어해설을 먼저 하고 서술을 시작하기로 한다.

① **동맹이란**, 기본적으로 국가 간의 협정을 통해 외부 위협에 군사적으로 상호 지원 하는 것을 말한다.

② **전시작전통제권이란**, 전쟁이 발발 했을 때, 획득된 정보를 바탕으로 전투력(부대, 병력+화력)을 할당하고, 할당된 전투력을 전개(싸워서 이길 수 있도록)하여 전략적으로 운영할 수 있는 권한을 말한다. 100% 군사전략(싸워서 이기는 기술)에 관한 것이다. 즉 국방부장관과 합참의장의 고유 업무 영역으로써 그 누구도 감놔라 배놔라 할 정도로 쉬운 영역이 아니다.

〈표 4-1〉 작전지휘 용어 관련 이해

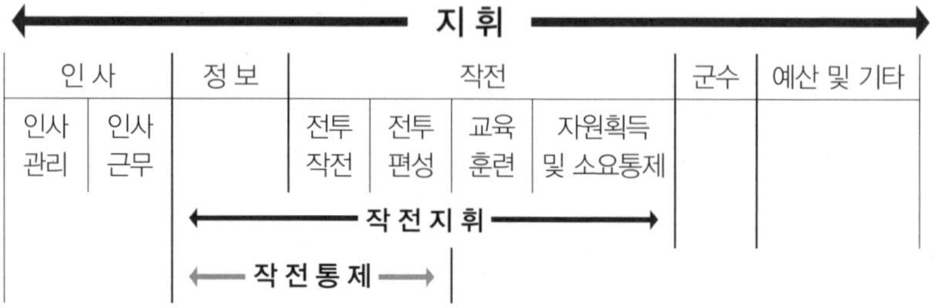

지 휘								
인 사		정 보	작전				군수	예산 및 기타
인사관리	인사근무		전투작전	전투편성	교육훈련	자원획득 및 소요통제		
		← 작 전 지 휘 →						
		← 작 전 통 제 →						

평시 작전통제권	한
전시 작전통제권	한 · 미

출처: 한국국방안보포럼. 2006. 전시작전 통제권 오해와 진실. 서울. 도서출판플래닛미디어.p. 316.

역사적으로 위 두 군사전략적 차원의 행위는 모두 우리 한국이 벼랑 끝에 몰렸을 때, '이승만 대통령이 국가전략 차원에서 결심'한 고뇌에 찬 결단이었다.

1950년 6월 25일, 북한군의 기습 남침으로 걷잡을 수 없이 밀리고 있을 때, 1950년 7월 14일, 이승만 대통령은 국군의 작전 지휘권을 주한미국대사를 통해 유엔군사령관에게 이양하겠다는 서신을 전달했다.

이어 1953년 7월 27일 휴전이 성립 된 후에, 한국과 미국이 보다 돈독한 한국방위를 위한 대책으로서 1953년 10월 1일 한 · 미 상호방위조약을 체결하여 양국 간에 동맹의 의지를 굳건하게 하였다.

그럼에도 불구하고 세월이 흐르고 국제관계와 국내 사정이 크게 변화 하는데도 옛 것을 그냥 붙들고 있어야 하느냐는 의견도 나올 수 있다.

필자는 본서를 통해서, 국가안보에 관한 국가기밀이 아닌 범위 내에서 보다 솔직하게 접근해 내용을 알 릴 필요가 있다고 생각했다. 국회에서 국방 수뇌부 인사가 야당의원의 질문에 '우리의 군사력이 북한 보다 열세하다.'라는 답변에 난리 법석이 난 적이 있다.

어떻게 국방의 수뇌가 그렇게 한국 국군을 폄하 할 수가 있느냐? 그동안 수없이 투자한 국방비는 다 어디에 썼느냐? 는 등의 호통에 한 발 물러서는 모양을 보았다.

진실이 무엇이든, 국민을 안심시키자는 의미로 해석하자는 것인지, 정말 그들은 우리의 군사력이 북한 보다 우세하다고 믿고 있는 것인지, TV 화면에 나타난 모습만으로는 판단하기 어려우나, 지난 시절 그들의 행위로서 짐작이 가는 부분이 있다. 노무현 대통령 시절, '전시작전통제권을 환수하자'는 통치 결단을 내릴 때, 그 전제가 모든 이유를 내포하고 있다.

즉 '전시작전통제권을 환수'하기 위해서는, 우리의 군사력이 북한 보다 우세하고, 미군이 한반도에 없어도 한국 단독으로 북한과 싸워 이길 수 있다는, 대전제가 깔려 있었던 것이다.

당시에 화려한 동영상을 만들어 우리 한국군의 전력이 북한 보다 절대 우세함으로 전시작전통제권을 환수해도 모두 안심해도 된다는 의미의 대국민 홍보를 한 사실이 있다. 따라서 노무현 대통령 계열의 국회의원들은 국방 수뇌부의 북한군전력이 우세하다는 평가에 흥분을 하지 않을 수 없었을 것이다.

비대칭전력(핵, 화생무기, 미사일)을 제외한 재래식 전력(총, 포, 전차. 장갑차, 항공기, 함정 등) 만 떼 내어도 한국군의 전력이 우수 하다는 것이다. 위 비대칭전력은 전쟁 억지(제) 수단이지 실제 사용하지 않을 것이고, 특히 남한을 겨냥한 것이 아니라고 단적으로 결론을 짓고 있다.

2018년 판 국방백서에 남북한 군사력 비교표를 보면,

전투 병력과 특수부대원 숫자를 포함해서, 각종 포, 전차, 항공기, 함정, 예비전력(남의 향토예비군 – 북의 노농적위대) 숫자 등 모든 것이 수량적으로 북한이 우세하다.

이러한 북의 수 적 우세함에도 불구하고 남한 군사력이 우세하다고 본 배경에는, ① 북한의 경제 수준 낙후, ② 각종무기, 함정, 항공기의 노후화, ③ 전투 병력들의 나약한 신체와 장기복무로 인한 염증, ④ 연료 부족으로 인한 각종 장비를 동원한 훈련 부족과 장기전 수행 불가 등을 들고 있다. 지금 국방부에서는 위 분석한 내용을 모두 알고 있으며 이를 무형전력으로 환산 해 다양한 시뮬레이션을 하고 있다.

과거정권은 언제 어디에서 분석한 것인지 알 수 없는 무형전력을 극대화시켜 가장 위험한 분석 결과(한국군 우세, 북한군 열세)를 탄생시킴으로서 '전시작전통제권환수 결정'이라는 엄청난 오류를 범하고 말았다.

'전시작전통제권 환수의 대전제'가 한국군의 전력이 우세하여 단독으로 싸워도 이길 수 있다는 평가가 있었기 때문이다.

과거정권은, 2012년 12월까지 전시작전통제권을 환수하고, 이에 따라 한미연합사령부를 해체하는, 말하자면 한국 국방의 한 축을 무너뜨리는 중대한 결정을 해버렸다. 이 분야에 문외한이고 살기 바쁜 국민들은 나라님(대통령, 장관)이 어련히 잘 알아서 했지 않겠느냐 생각하고 물끄러미 바라만 볼 뿐, 아차 그냥 큰 파도에 휩쓸릴 번 한 것을 모르고 지났다. 이즈음(2006년 10월 9일 1차 핵실험, 2009녀 5월 25일 2차 핵실험) 북한은 또 핵실험을 하고 미사일 발사 실험을 하면서 군사력의 위용을 과시하고 있었다.

북한이 평소 원하는 데로 전작권이 환수되고 가장 두려워하든 한미연합사령부가 해체되는 결과물을 얻었는데도 불구하고 군사력 우위노선에 고삐를 계속 당김으로써 (2010년 3월 26일 천안함 폭침사건과 2010년 11월 23일 연평도 포격사건), 이명박 정권은 전작권 환수 연기를 2015년 12월로 연기하는데 합의를 하였다.

박근혜 정부가 들어서, 2013년 2월 13일 3차 핵실험에 이어 4회의 미사일 발사, 2013년 3월 14일 휴전협정 백지화 선언, 2014년에 21회 미사일 발사, 2015년 5월까지 10회의 미사일 발사를 하였다.

끊임없는 도발과 위력과시, 엄포로 한반도 정세를 불안하게 만들고 있는 북한에게 분명한 의지를 보여 줄 필요를 느낀 박근혜 정부는 2013년 5월, 미국 측에 전작권 전환 시기 재 연기 제의를 하게 된다. 2014년 10월 23일 워싱턴' 한미연례안보회의에서 전작권 환수에 대해 시한을 즉시하지 않고 2020년 이후 ① 한반도 및 역내 안보환경이 개선되고 ② 전작권 환수 이후 한국군의 핵심 군사능력이 개선되며 ③ 북한 핵 및 미사일에 대한 한국군의 필수 대응능력이 개선되는 시점으로서 사실상 무기한 연기를 한 셈이 된다.

차기 정부에게도 부담을 들어 주고 실질적으로 북한을 압박 할 수 있는 계기를 마련하였다는 점에서 탁월한 선택을 하였다고 본다. 일각에서 군사주권을 상실 했느니, 사대사상의 재현이니, 한반도 분단을 고착시키는 것이니, 대통령 공약을 이행 못했느니 하며, 위대한 애국자와 구국의 열사가 탄생한 것처럼 걱정과 우려, 흥분을 표방하는 부류가 있다. 괜한 기우를 삼가 하라는 말로 대신하면서 설명을 덧붙여 보자면, 국가안보는 반드시 상대가 있게 마련이고, 그 상대의 세력 흐름에 따라 시시각각 생물처럼 변화를 추구하는 것이 국제사회 모든 국가들의 자세이다.

앞서 간략하게 언급했듯이 북한의 군사모험주의에 사로잡힌 위력과시 양상에 대해 UN의 공식적인 제재가 있음에도 불구하고 무시하고 나대는 것을 두고 우려를 하는 것이고, 직접 당사자인 우리는 최상의 방비책을 강구하는 것은 너무나 당연한 일이다.

현재 '한미연합사령관'에게 전작권이 이양되어 있다.

전작권이 환수되면 자동적으로 한미연합사령부가 불필요해지면서 해체가 된다.

한미연합사에 전작권이 위임되어 있더라도, 사안별 임무를 수행하기 위해서는 양국 국군통수권자(대통령)의 동시 승인이 있어야만 가능하다. 어느 일방이 반대하면 임무 수행을 못하도록 되어 있다.

NATO(North Atlantic Treaty Organization : 북대서양조약기구)는 '집단안보 기구(집단 내에 일국이 외부의 침략을 받을 시, 타 국가들이 연합작전으로서 격퇴)' 로서 벨기에 브뤼셀에 위치하면서 1949년 8월 26일부터 임무를 수행하기 시작했다. 회원국이 독일, 프랑스, 영국을 비롯하여 구소련국가들 까지 참여해서 모두 28개국으로 되어 있다. 군사령관은 미국군 4성 장군이다. 이 회원 국가들 모두 전시작전통제권을 모두 미국에 이양하고 있다. 그러나 자존심 강한 독, 프, 영, 모두 자국에 군사주권을 상실했다고 생각하는 나라가 없다. 만약에 구라파 지역에서 3차 세계대전이 일어났다고 가정했을 때, 28개 각 국이 자국의 군사전략에 맞춰 전쟁에 임한다면, 중구난방이 될 것이고 그 상대 국가는 작은 나라부터 하나하나 각개격파를 해서 전쟁을 승리로 이끌게 될 것이다. 그러나 미국 중심 연합작전을 전개하게 되면, 그 어떤 상대 국가도 대적이 불가능 하게 된다. 따라서 2차 대전 후 오늘날까지 구라파 지역에 전쟁의 구름이 비춰지지 않는 것은 모두 NATO 덕분이다.

NATO의 실용적 운용 사례를 하나 더 들어보면, 2014년 9월 12일 오바마 미국 대통령은 미국이 이슬람 수니파 반군 '이슬람국가(IS)' 격퇴 명분으로 추진 중인 '시리아 공습' 계획을 천명하면서 NATO 회원국의 동참을 요청했다. 그러나 '독일과 영국'은 공습 불참을 결정하였다. 이렇듯 자국 국가이익과 상충이 되면 당당하게 거절할 수 있는 것이 오늘날 국제 레짐(regime, 체제, 기구, 조직)의 성격이다.

따라서 한국과 미국의 '전시작전통제권'의 관계도 마찬가지이다.

몇 년 전 한국은, 미국과 중국 사이에서 미묘한 갈등이 전개된 것이 있었다. 중국이 주도하는 AIIB(아시아 인프라 투자은행) 가입 문제를 두고 미국은 미국이 주도하고 있는 TPP(환태평양 경제 동반자협정)에 한국의 참여를 독려 했고, AIIB 가입엔 다소 부정적인 입장을 가지고 있었다. 그러나 한국은 2015년 3월 26일 AIIB에 공식 가입을 발표했다. TPP 가입은 긍정적으로 검토 하는 것으로 입장을 표명 했다.

반면에 일본은 AIIB에 불참하기로 했다.

동맹관계(안보문제)에 있음에도 중국의 팽창을 억제하는 미국의 입장에 반할 수밖에 없는 현실적인 문제에 한국은 고민을 하면서, 한국의 제1 교역국인 중국과의 현실적인 경제적 문제를 고려하지 않을 수 없었다. 이를 흔쾌히 묵인하는 대국(大國) 미국의 통 큰 결단에 감탄하면서 이를 무난하도록 성사시킨 정부에 대해서도 찬사를 보내지 않을 수 없다. 국제사회의 미묘한 국제관계 가운데 '전작권 환수' 문제가 자리 잡고 있으며 우리 정부는 이를 슬기롭게 극복해 나가고 있다.

이러한 실증적 사례가 엄연히 상존하고 있는 현실에서도 '한미연합사의 실체'를 믿지 않으려고 하는 것은, 미쳐 이런 사실을 몰랐든가, 이념의 경도 외에는 다른 설명을 할 방법이 없다.

그 외에 한미연합사의 효용가치는 무궁무진하다.

여기에 근무하는 장교들의 절반이 한국군 장교들이고, 미군 장교들과 같은 업무를 동시에 수행하고 있다. 이 과정을 통해 우리 장교들은 굳이 외국에 유학을 보내지 않더라도 의사소통을 위한 언어능력을 습득 할 수 있고, 각종 최신 무기체계 변화에 따른 신 교리개발과 연합훈련능력 습득은 상상을 초월 할 정도로 진전을 보고 있다.

따라서 한반도에 전쟁이 일어난다면, 그 때 수행해야만 하는 예상되는 연합작전 지휘능력을 자동적으로 배양되고 있는 것이다. 한반도 통일 후, 반드시 환수해야만 하는 전작권을 평소 아무런 비용을 투자하지 않고 실무 경험을 통해서 익히고 있는 것이다.

글로벌(global)시대에 살아가면서 혹시 외국인들과 접촉을 하는 가운데, 구라파 EU 국가 국민들 중에서 자국이 군사주권이 없어서 쪽 팔린다거나 국가 신인도가 추락한다는 얘기를 들어 본적이 있는가? 우리 국민들 중에서도 해외에서 활동하고 있는 많은 외교관, 기업가, 문화, 예술인, 유학생, 현지 교민, 여행객 등 다양한 분야에서 외국인과 접촉을 하겠지만 단 한 사람이라도 '너희 나라 군사주권, 국방 자주권 없지' 라며 놀린다거나, 없인 여긴 말투를 들어 본적이 있는가?

일부 정치가, 학자, 언론인, 논객들이 펼치는 언어의 유희(전작권을 환수 해야만 한국이 완전한 자주 독립국가로 거듭 난다.)는 북한 김정은 군사집단에게만 유리할 뿐 국가이익엔 백해무익 하다.

필자가 주장하는 '전작권 환수 유보-한반도 통일 시 까지'는 그야말로 한시적인 것이며, 한국군이 주도적으로 수행해야 한다는 것에는 변함이 없다. 국가경영에 어려움이 많고(돈 쓸데는 많은데 재원 조달에는 한계가 있음), 국민들의 교육 및 복지 요구 수준은 날로 팽창하는 마당에 국가안보가 엄중하다고 해서 '국방예산 투입에 올인 할 수만 없겠다.'는 현실적인 사정을 감안한 우국충정의 마음임을 밝힌다.

미국 정부와 국민들께는 송구하지만, 여지 것 그래 왔듯이 조금 더 미국의 우산 아래에서 소낙비를 피해 가겠다는 겸연쩍은 소망을 제시한 것이다.

과거 정권의 무모한 행위가 그 다음 정권에게 계속 고통을 주고 우리 대통령(장관)이 미국 대통령(장관)에게 아쉬운 소리를 해야만 하는 일이 더 이상 없었으면 한다.

그런데 문재인정부 들어서서 또 다시 '전작권 환수' 문제를 들고 나섰다. 이제 완전한 자주국가 시대를 열어 나가겠다고 한다. 이 말의 기본에 대해 반대할 사람은 아무도 없다.

전작권을 환수함과 동시에 제일 먼저 발생하는 것이 현재의 '한미연합사령부'가 해체되게 된다.

그 대안으로 '미래연합군사령부'를 만들어서 한국군 4성 장군이 지휘하도록 한다고 한다. 합참의장이 겸직한다는 얘기도 있다. 미군이 여기에 찬성할 리가 없고, 전시에 전혀 실용성이 없는 지휘기구가 되고 만다.

미국 역사상 미군이 타 국가 군대에게 지휘통제를 받은 적이 없고, 막상 전쟁이 일어나서 UN이 한반도에 군사적 지원을 승인하드라도 한국군의 작전지휘를 받기 위해 군사력을 파병할 국가가 거의 없다고 보아야 한다. 지금까지 각종 전쟁에서 연합작전이 성공적으로 수행되었던 것은 미국이 작전을 지휘했기 때문에 UN군이 동원될 수 있었다.(베트남 전, 이라크 전, 시리아 내전, 리비아 내전,

아프가니스탄 전 등) UN 결정은 권장사항이지 강제 조항이 아니기도 하고, 한국군은 지금까지 UN군을 직접 지휘 통제해본 경험이 전혀 없다.

또 다른 예를 들어보면, 불행하게 제2 한국전쟁이 일어나서 '미래연합사'가 작동 한다고 가정했을 때, 북한에 대한 고급정보를 모두 다 가지고 있는 미군은 한국군 통제 없이 곧 바로 작전을 전개할 수 있다. 공중, 해상작전, 특수부대 투입작전 등, 반면에 이 정보를 한국군에게 주어 작전을 준비하고 미군에게 명령이 떨어지기까지 이 천금 같은 시간을 미국은 용납하기 어렵다. 전쟁은 정보 획득과 작전전개가 거의 리얼 타임에 동시 진행되어야만 작전에 성공할 수 있다. 따라서 북진을 감행할 때 한국군은 뒤에서 물끄러미 바라보며 뒤치다꺼리할 공산이 아주 높다. 기존에 잘 돌아가고 있는 한미연합사를 해체하는 수순은 백해무익하고 전쟁에 전자도 모르는 사람들이 머리와 상상력으로 전쟁놀이할 때나 할 수 있는 아주 하수의 저급한 안보 정책적 결심이다.

참고로 '전작권 환수' 문제는 중국과 북한이 줄기차게 요구하고 한반도 이슈가 발생할 때마다 들고 나오는 단골 메뉴이다. 왜냐하면, 궁극적으로 발전해 가면 주한미군 철수로 귀결될 수 있는 좋은 호재이기 때문이다.

전쟁이란, 첫째는 일어나지 않도록 억제 수단(미군이 그 역할 함)을 가져야 하고, 둘째는 기어이 발생 했을 땐, 싸워 이겨야 한다.

만약 지게 되면 부와 권력, 명예, 그동안 숱하게 쌓아둔 인연까지 모두 산산조각 나고 패전국의 멍에를 대통령 혼자 다 짊어져야 함은 물론 국민은 영혼 없는 삶을 살아가야만 한다.

참고로 세계 최대 군사동맹조약기구인 NATO의 실상을 간략하게 소개하여 타산지석으로 삼았으면 한다.

구소련, 지금의 러시아를 겨냥한 나토 국가들은, 그 국민들은, 군사주권이 없네, 자주국방을 실현하지 못하고 있네, 등의 얘기를 하지 않는다. 대표적인 독일, 영국, 프랑스가 경제규모면에서 각각 러시아에 2~3배의 우위를 점하고 있지만 동맹체제로 국가안보를 실현하는 것에 자부심을 가지고 있다.

정권이 바뀌어도 그 목적은 동일하고 국민 역시 동의를 하고 있다. 이유는 간단하다. 지구상 그 어떤 국가도 단독으로 국가안보를 지키는 국가가 없다는 점이다.

한국이 이 상태로 가다가는 주한미군 철수, 한미동맹 해체의 수순으로 갈 수 있다는 적잖은 우려가 현실로 닥아 올 수 있기 때문이다. 북한 보다 40배 이상의 경제력을 믿었다가는 군사적 결기로 똘똘 뭉친 북한에게 한방에 가는 수가 있다.

본서를 보게 되는 이들이 이 점을 널리 알려서 더 이상 국론 분열을 조장하는 일이 없었으면 하는 바람이다.

계속해서, 한미동맹 강화의 필요성이 여전히 대두되고 있다.

본서에서는 ① 간략한 배경과 ② 양국의 국가이익 그리고 ③ 한미동맹의 발전 방향에 대해서 주로 기술하려고 한다.

① 한미 간의 초기 접촉은 조선 말 인 1853년(철종 4년), 일본 해역에서 조업 중이던 미국 포경선이 폭풍에 밀려 경상도 동래 앞바다에 표류 중이던 것을 조선 관리가 이를 안전하게 관리하여 무사히 돌아가게 한 것이다.

그 이후 1866년(고종 3년), 미국 상선 '제너럴 셔먼호'의 대동강에서의 전소(全燒) 사건, 1871년 신미양요, 1882년(고종 19년) '조미수호통상조약', 1905년 7월 29일 '카스라-태프트 밀약', 1905년 11월 17일 일본은 조선과 '을사조약'를 맺고 조선의 외교권을 박탈했다. 이에 따라 조선에 주재하던 미국 공사관은 11월 28일 폐쇄되었고, 이틀 뒤 미국에 있던 조선의 공사관도 폐쇄되었다.

→ 쇄국정책을 고수하는 조선에 통상을 강요하면서 양국 갈등이 깊어 졌던 시기였다.

한 · 미 관계의 제2막은 일본을 매개로 하여 열렸다. 미국은 한국을 그 자체의 독립된 문제로 보지 않고 일본이 점령한 지역에 대한 처리 문제의 일환으로 생각했다. 대한민국 임시정부는 수차례에 걸쳐 미국 정부에 서한을 보내 임시정부를 승인 할 것과 1882년 시작된 양국 간의 외교관계(조미수호통상조약)를 재개할 것을 요청했다. 그러나 미국은 이러한 요청을 번번이 묵살했다.

1945년 8월 6일과 9일, 미국은 히로시마(廣島)와 나가사키(長崎)에 가공할 위력을 지닌 원자폭탄을 투하했다.

이즈음 소련은, 독일이 항복한 뒤 대일전에 참전하기로 약속했으면서도 미루고 있었다. 그러나 미국의 원폭투하로 전쟁이 조기에 종결될 것을 두려워한 나머지 8월 8일 일본에 선전포고를 하고 전쟁을 시작했다. 참전의 기회를 놓칠 경우 극동에서 자신들이 주장할 수 있는 이해관계 몫이 줄어들 것을 우려했기 때문이다.

8월 10일 일본은 국체(國體), 즉 천황제를 보장하는 조건으로 항복의사를 표명했다. 5일 후 무조건 항복을 하고 말았지만, 이 5일 사이에 전후 한반도 운명을 가르는 분단선이 그어졌다. 당시 미국에는 전쟁을 원활하게 수행하기 위해 국무성과 육군성, 해군성 사이의 의견 차이를 조율하기 위한 '3성조정위원회'가 있었다. 여기에서 수도 서울을 미군의 관할 아래 두어야 한다는 점을 고려해서 찾아 낸 선이 38도선이었다. 당시 소련군은 이미 한반도 북부 깊숙이 들어와 있는 상태였고, 미국의 제안에 소련은 순순히 받아들였다. → 이로서 한반도는 북위 38도선을 경계로 미국과 소련이 분할 점령하게 되었다.

1945년 9월 8일, 오키나와 주둔 미 육군 제24군단이 최초로 인천항에 상륙했다. 이들의 일차적 목적은 38도선 이남의 일본군의 무장해제였다.

그러나 9월 7일 태평양 미 육군 총사령관 맥아더 장군의 '포고령 제1호'에 의하면, 이 들의 성격을 한반도 남쪽을 점령하고, 모든 행정권을 장악하여 '군정을 실시'하는 주체로 규정했다.

한편 북한 지역에서는 1945년 11월부터 소련 지원 아래 군대를 창설하려는 움직임이 감지되고 있었다.

1946년 2월 23일 김일성은 군사장교와 정치 간부를 훈련시키기 위해 '평양학원' 을 만들었다.

미군정 당국은 한국에서의 군대 창설의 필요성을 절감하면서도, 당초 그들의 임무가 아니라는 이유로 미국 본토에서는 계속 부정적인 입장을 취했다.

그러나 한국 현지 사정이 급박하게 돌아감에 따라 미군정 당국은 군대를 만들기로 결정했다.

창군 작업은 1945년 11월경부터 본격화 되었다.

11월 20일 '국방사령부'를 설치하여, 국방사령부는 경찰력 보강을 위해 육, 공군 4만 5천명, 해군, 해안경비대 5천명 총 5만 명의 병력을 가진 국방군을 창설할 계획을 세웠지만 미국 본토의 재가를 받지 못했다. 그러나 하지 중장은 2만 5천명 규모의 경찰예비대를 창설하는 뱀부(bamboo)계획을 만들어 창군작업에 박차를 가했다.

1946년 1월 조선경찰예비대(조선경비대, Korean Constabulary Reserve)가 창설되었다.

조선경비대 병력도 점차 증강되기 시작했다.

1946년 4월 말에 2,406명에서 11월 말에는 5,273명으로 늘어났다.

1947년 10월, 미 국무성은 주한미군 철수에 대비하여 남한의 군비를 증강시키는 방안을 검토하여 보고하라는 지시를 내렸다.

하지 중장은 북한과의 군사력 균형을 위하여 10만~20만 명을 목표로 하는 증강계획을 제출하였고, 맥아더 사령관은 남한의 총선거 때까지 5만 명 규모로 증원하는 별도의 계획을 제출하였다. 미 합참에서는 후자를 채택했다.

이로서 1947년 말에는 약 2만 명 수준으로 늘었고, 정부수립 이전까지 육군 5개 여단, 15개 연대에 5만여 명에 , 해군 3천명의 규모로 증편되었다.

1948년 8월 15일 대한민국 수립과 함께 한국군이 창설되었다.

1948년 8월 24일, 한국정부와 주한미군사령부는 '과도기의 잠정적 군사 및 안보에 관한 행정협정'을 체결하여 미군 철수 이전까지는 주한미군사령관이 한국군을 계속 통제한다는 데 1948년 9월 1일, 미군정 산하 조선경비대 및 선해안경비대는 한국군으로 편입되었다.

→ **이에 따라 형식적이든 실질적이든 한국군 출범 초기 무기, 장**

비의 조달과 군사훈련 및 작전지휘는 미국에 의존할 수밖에 없었다.

1948년 8월 15일 정부 수립 직후 외교적 면에서 '이승만 대통령의 당면과제'는 네 가지였다.

① 점령 당국(미군정)과 권력 이양 절차를 마무리 짓고,

② 신정부에 대한 국제적 승인을 받아내며,

③ 미국에게 한국의 안위에 관한 확실한 보장을 얻어내며,

④ 그것을 바탕으로 통일을 추구하는 것이었다.

1949년 1월 1일 미국을 필두로 많은 국가들이 한국 정부를 승인함으로써 한국은 독립국가로서 국제무대에 등장할 수 있었다.

1949년 9월 15일부터 주한미군을 철수하기 시작했다.

한국정부는 미군 철수를 지연시키기 위해 다각도로 노력을 했다. 윤치영 내무장관의 성명(9월 8일, 조병옥 특사의 미국 방문(9월 말~10월 초), 그 와중에 일어난 여수 · 순천 반란사건(1948년 10월)은 한국안보의 불안에 대해 다시 한 번 생각하도록 만들기도 했다. 이 무렵 이승만 대통령은 계엄령을 선포하고 트루먼 대통령에게 미군 잔류 요청 각서를 보냈다. 국회에서도 미군 주둔을 요청하는 결의안을 채택했다. 11월 12일에는 당시 미국 대통령 특사인 무초 역시 북한 침략으로부터 한국 정부의 패망을 막을 수 있는 유일한 길은 미군 주둔뿐이라며, 철군 연기 요청 전문을 보냈다.

→ 이러한 일련의 조치는 미군 철수를 잠시 연기시킬 수 있었지

만 궁극적으로 저지 하지는 못했다.

→ 1949년 12월 25일 소련군이 북한에서 완전 철군 했다는 발표가 있었다.

→ 1949년 3월 22일 미국국가안보회의는 NSC 8/2 를 통해 그해 6월 30일 까지 철군 완료할 것을 결의했다.

→ **1949년 6월 29일 군사고문단만 남기고 모두 이 땅을 떠났다.**

→ 한국군은 6만 5천명 군대와 3만 5천명의 경찰, 4천명의 해안경비대를 유지하고 있었다.

1950년 1월 12일 에치슨 미 국무장관이 내셔널 프레스 클럽에서 미국의 **태평양 방위선은 알류산 열도에서 일본과 류큐열도(오키나와)를 거쳐 필리핀에 이른다고 밝혔다.**

1950년 6월 25일 **한국전쟁이 발발했다.**

1950년 7월 7일, 유엔 안보리에서 유엔군사령부 설치를 결의했다.

1950년 7월 13일, 미 제8군사령부, 대구에 사령부를 설치해서 주한 미 지상군을 지휘했다.

1950년 7월 14일, 이승만 대통령 국군작전지휘권을 주한 미국대사 무초를 통해 유엔군사령관에게 이양 서신 전달

1950년 7월 17일, **맥아더 미 제8군사령관에게 한국 지상군 작전지휘권을 재 이양했다. 해, 공군 지휘권은 미 극동 해, 공군사령관에게 이양되었다.**

1953년 7월 27일, 휴전협정이 조인되었다.

1953년 10월 1일, 한미상호방위조약이 체결되어 현재까지 한미 동맹관계가 지속되고 있다.

② 지금까지 언급된바와 같이 한국과 미국은, 험난한 역사의 파고를 넘고 넘어 견디며 지내온 세월을, 우리는 단순한 동맹의 차원을 훌쩍 뛰어 넘어 '혈맹(血盟)의 관계'라고 까지 부르는데 양국 모두 이의를 제기하지 않는다.

도대체 무엇이 이토록 질긴 인연의 끈을 맺게 한 것일까.

문화도, 혈연도, 종교도, 언어도, 그 무엇에도 동질감을 찾아볼 수가 없는데 그들은 왜 이역만리 낯선 곳 전장에, 32만 명이라는 엄청난 수의 꽃다운 청춘들을 전쟁에 참여하게 했으며, 37,000여 명이 조국의 품으로 돌아가지 못하고 한반도 산야에 늘린 야생화의 꽃잎이 되어 떨어지게 했는지, 그리고 지금도 28,000여 명이 주둔하면서 선배들의 뜻을 기리고, 제 땅에 살고 있는 한국인 못지않게 이 나라에 애착심을 가지고 두 눈을 부릅뜨고 있는 것인지 그 연유를 이제 밝혀야만 한다.

한반도, 극동지역의 손바닥 만 한 땅 덩어리에 무슨 어마어마한 다이아몬드라도 매장되어 있나. 왜 모두 이곳에 한번 맛을 들이면 수저와 포커를 내려놓으려 하지 않는 것일까.

필자는 일반적으로 회자되고 있는 한반도의 가치를, 그 보다 훌쩍 뛰어 넘는 수준에서 평가를 하고자 한다.

통상, 대륙세력과 해양세력의 이해관계가 상충되는 곳, 대륙으로 진출을 위한 보루로서 한반도, 해양으로 팽창하기 위한 발판으로서의 한반도 등으로 그저 주변 4강이 각축을 벌이고 있다. 는 상투적인 차원이 아니다.

우선 지정학적으로, 한반도는 대륙으로부터의 기가 충만 되어 있는 곳이다. 중국대륙과 러시아 대륙 여기저기에 흩어져 간헐적으로 꿈틀거리고 있는 기운들을 백두산이 모두 흡입해서 '백두대간' 이라는 큰 혈맥을 통해 1정간, 13정맥으로 골고루 분사함으로서 전 국토 어느 한 곳 모자람 없이 골고루 기가 충만하도록 하고 있다. 우주에서 보면 가장 도드라지고 광채가 나는 곳이다.

또한 해양으로부터 엄습해 올 수 있는 나쁜 기운을 일본 열도가 대부분 차단해 줌으로서 4계절이 분명하고 인간 지능이 원만한 가운데 각 분야에서 출중한 인재를 배출 할 수 있다.

→ 따라서 역사적으로나 현실적으로, 한반도를 선점하는 자가 중원을 휘두를 수 있는 기선을 제압할 수가 있었다.

→ 1정간은 장백정간, 13정맥이란, 청북, 청남, 해서, 임진북예성남, 한북, 한남금북, 한남, 금북, 낙동, 낙남, 금남호남, 금남, 호남을 말한다.

반면에 한반도의 주인 한국인은, 동방의 가나안 땅, 금수강산을 우리끼리 가꾸고 지키려고 했지만, 남의 밥에 콩을 굵게 본 주변에서 계속 쿡쿡 찔러 보는 바람에 여간 성가신 일이 아닐 수 없다. 천성이 온화하고, 해고지 할 줄 모르며, '나물 먹고 물마시며 대장부 살림살이 이만하면 그만이다.' 라 할 정도로 낙천적이고, 먼저 남을 해치지 않는 기질을 가지고 있음에도, 주변 환경이 인성을 변하게 만들기 시작 한다. 960여 회에 달하는 외침은 어쩔 수 없이 한반도 내에서 여러 번 소수 국가들이 탄생하게도, 멸망하게도 하면서 이전투구를 하게 만들어 그사이에 그만 한국인 자신도 모르게 한국인이 아닌 별종 한국인이 새로이 탄생하게 됨으로써 급기야 한반도가 분단되는 최악의 상황을 맞게 되었다. 이런 상황이 예상 밖으로 길게 이어져 첨단 과학화와 문명사회라고 자화자찬하는 지금 시대에도 똑같이 반복되고 있다.

→ 무력에 의한 외침, 사이버에 의한 외침, 투기자본에 의한 외침, 교역과 교류에 의한 외침 등

→ 이제 상대방 입장도 기억하는, 기본으로 돌아가야만 할 때가 도래했다.

이러한 각양각색의 의사가 상충되고 있는 한반도에 미국과 한국의 국가이익은 어디에 초점이 맞춰 져 있을까?

먼저 미국은,

• 한반도를 선점한 기득권을 놓치고 싶지 않다.

→ 중원을 장악할 절호의 기회를 놓칠 수 없다.

1949년 완전 철수를 했다가 1950년 6월 한국전쟁을 계기로 다시 한반도에 발을 딛게 되면서부터 미국은 한반도를 새로운 각도로 인식을 하게 된다.

이곳이 먼 거리에서 미 본토를 방위할 수 있는 '전략적 요충지'이구나 하는 것을 미리부터 점치고 기반을 다지기 시작했다. 중국의 부상도, 러시아의 팽창도, 모두 이곳 한반도를 출발점으로 해서 시작된다는 것을 60여 년 전 부터 깨달은 '통치자 트루먼과 대 전략가 맥아더 장군'이 있었다.

• 한국인 보다 한국을 더 사랑하는 '아메리칸'과 '아메-코리안'이 날로 증가여 양국 국가이익에 윈윈 하고 있다.

미국에 살면서 미국을 더 사랑하는 한국인 '코메리칸'이 미국 주류사회로 하나 둘씩 진입 하는 것이 늘어나듯이 한국사회도 이제 '아메-코리안'이 대세를 이룰 판이다. 영어가 제2외국어로 자리 잡았고, 역 이민이 늘어나고, 국제결혼이 예삿일처럼 되었고, 이민 2,3,4세대까지 고국에 군복무를 비롯해서 핵심적인 일자리에서 최선을 다하고 있다.

• 한국인이 이해관계를 따지듯 미국도 그 못지않게 한국에 관심이 있다.

지금 한국인들은 한국전쟁 당시 한국인이 아니다.

흥남철수작전에 환호하고, 조그마한 구호물자에 감사할 줄 알던 그때 천성이 온화한 한국인이 아니다.

국민소득 3만 불에 이르면서부터 한국인이 확 변해 버렸다. 미국을 '인계철선(한반도 전쟁 발발 시 미군의 자동개입 도구로 생각)'이라고 하고, 용병(用兵:이용 가치가 있는 존재)으로 생각한다.

그러나 미국의 관심은 오직 한반도에 자유민주주의 실현이지, 이해타산이 아니다. 한국에서 원유나 가스전을 개발할 것도 없고, 대형 건설이나 산업관련 수주를 할 것도 없다.

1954년부터 1968년까지 224억 불이라는 재원을 한국에 무상 투입하였고, 1990년까지 주한미군주둔비용을 100% 부담하였으며, 2015년에 이르러서야 한국과 반반씩 나누어 부담하고 있다. 그 외에 모든 국가(일본, 독일 등)들은 미군 주둔비용을 80%이상 부담을 하고 있다.

→ 미국은 한국을 점령하거나, 식민지화 하거나 조공 받치기를 원하지 않는다. 역사적으로도 지구상 어느 곳에서도 그런 적이 없다.

• 한반도는 미국인의 가슴에 슬픈 애환을 새긴 곳이다. 어쩌면 잊고 싶지만, 영원히 잊을 수 없는 마음의 고향이다.

수많은 사상자 그리고 아직 북한지역에 수습되지 못한 영령들이

5000여구나 있다. 글로, 말로 표현하기 힘든 절절한 역사가 한반도에 묻혀 있기에 그들은 한국인이 무슨 얘기를 하더라도 그냥 웃어 넘긴다.

→ 선배들의 원혼을 달랠 때까지 한반도를 떠날 수 없다.

한국의 국가이익은,

• 미국에 비해 실리에 초점이 맞춰 저 있다.

그것이 너무 드러나 빤히 보인다는 점이다.

국가외교든 군사외교든 쉽게 수를 읽힌다는 약점이 있고, 정치권이나, 언론에서 국가이익과 상관없이 한 건 해보자는 데 혈안이다 보니, 마구 질러 버리는 것에 이따금씩 정말 국가이익이 노출되는 경향이 있다.

이에 당국은 '전략적 모호성'이라는 표현으로 화살을 피해 가게 되고 대응이 늦어지는 경향이 있다. 대응책 강구에도 어려움을 겪는다.

• 주한미군이 주둔하고 있는 그 자체만으로도 한국의 국방비 절감에 크게 기여하고 있다.

hard-ware 만으로도 약 1,100억 달러 (한화 120여 조원), 한국의 연간 국가예산에 37%에 해당하며, 국방예산에 야 4배, 1년간 국방 전력증강 투자비의 12배가 되는 가치를 지니고 있다.

→ 이로서 국가예산을 절약하여 복지 및 교육에 투자를 할 수 있

고, 각종 기반 시설도 확충할 수 있다.

그래서 자주국방을 위한 국방비에 대한 투자를 조금은 더디지만 조금씩 알차게 추진해 나가고 있는 것이다.

→ 그동안 국방비에 투자한 것 다 어디에 썼느냐? 는 어린애 같은 질문은 이제 더 이상 나오지 말아야 한다.

• 북한 김정은 군사집단의 남침 기도를 억지(제)하는데 결정적인 역할을 하고 있다.

→ 이는 우리 국민에게 심리적 안정감을 주고, 국외 투자자들에게 깊은 신뢰감을 심어 주어 결과적으로 투자로 이어지면서 외국자본의 이탈도 방지하게 된다.

• 한미동맹이, 즉 미국에 너무 의존하는 모양이 중국과의 교역과 교류에 나쁜 영향을 미치고 있다는 평가도 있다.

→ 이것은 전혀 알지 못해서 나오는 발상이다.

얼핏 보기에는 그럴듯하나, 돈독한 한미동맹관계가 유지되고 있기에 중국이 매사에서 만만하게 보질 못하고 동격 선상에서 국가간 교류가 이어진다.

가끔 중국이 한국을 툭툭 건드려 보는 것은 '우리도 같이 사랑해 달라'는 신호로 보면 된다.

중국이 세계 제2위의 경제대국으로 성장했고, 앞으로 무한한 잠재력이 있는 것은 틀림없지만, 가만히 들여다보면 허점투성이고, 살얼음판을 걷듯이 걸어가고 있다. 그래서 그들에게 한국은 '협력적 동반자'일 수밖에 없다.

③ 한미동맹의 발전 방향은,

지금까지 그래 왔듯이 앞으로도 쭉 변함없는 우의가 유지되었으면 하는 바람이다.

60여 년의 동맹관계에서 상호 섭섭한 점도 있었고, 고마운 점도 있었던 영욕의 세월이었다. 미국의 입장에서 보면, 줄 것 다 주고 욕먹는 기분이 들 정도로 홀대 받는 상황을 잘 견뎌 낸 시절이 있었다. 미국 성조기를 불태우고 짓밟고, 미국 문화원에 불 지르면서 양키 고 홈(yankee go home)하며 미국 국민의 자존심을 건드린 사건, 미국산 쇠고기 수입을 반대하며 마치 미국이 '광우병'의 발원지인 것처럼 호도하며 온 국민을 들끓게 했던 사건, 등이 있었고, 한국의 입장에서 보면, 미국 군인이 한국 내에서 각종 범죄를 저질러도 그것을 관할도 못해보고 미국 수사기관에 넘겨야하면서 멍하니 바라만 보고 처분만 기다려야 하는 불평등한 사례들, 주한 미군기지에 각종 환경오염 사례가 있어도 유야무야 끝나 버리고 한국 스스로 처리해야만 했던 사례들, 한국 내 미군의 각종 사격장(포, 전투기 등)과 비행장에서의 소음과 위험요소에 주민들이 그대로 노출되고 있어도 별다른 대책이 마련되지 않는 사례, 북한의 간헐적인 국지적 도발이 있어도 미국의 눈치를 보며 일방적으로 당하고 만 있었던 사례 등, 서로 할 말이 많은 것들이 물 밑에 잠재된 체 흘러가고 있었다.

한미동맹이 60여 년이 경과되는 시점에 한 번 재정리를 해 보는 시점이 되었으면 한다.

첫째, 양국의 국가이익이 부딪치면 서로 쿨 하게 인정해 주도록 하자.

서로 입장과 자존심을 내 세우고 주장만 하면, 충돌하게 되고 궁극적으로는 피해는 국민에게 돌아간다.

여기에 최적의 해결사들이 '여야 국회의원'들이다.

예를 들어서, ① THAAD의 한국 배치를 꺼려하는 중국과 결사반대를 부르짖는 북한이 있지만, 한국 안보와 국가이익에 걸맞다고 국방부에서 인정하게 되면 정치권은 수용하고, 현지 주민이나 반대 단체들의 무한 농성, 아직까지 압박이 들어오는 중국의 행태에 대해서는 여야 구분 없이 대처하는 등 모습을 보여야 한다.

② 동두천시 보산동에 위치한 미군 210 포병여단이 2016년까지 평택으로 이전 하도록 되어 있었으나 최근 잔류 될 것으로 발표, ③ 용산 미군기지내 한미연합사령부, 지하벙커(CC서울:Command Center), 미8군사령부와 연병장 역시 추가로 잔류 될 것으로 발표 등 이들은 전시작전통제권이 2020년 이후 로 연기됨에 따라 작전

지휘에 효율성과 한강 이북에 미군의 잔류라는 별도의 큰 의미가 있는 군사전략 차원의 결심으로 생각되는 것이라 지방자치단체 차원의 용기가 필요하고 반대를 일삼는 사람들이 여기에 기웃거리지 않도록 정부는 상응하는 대책을 마련해서 국론 분열이 일어나지 말았으면 한다.

둘째, 한 차원 '성숙된 신뢰'를 바탕으로 양국관계가 유지 발전되어야 한다.

한미관계는 단순하게 외부의 침략에 상호 공동 대처를 하기 위한 외교적 용어인 '동맹' 의 차원이 아니라는 것을 필자는 누누이 설명을 했다. 최상급의 '혈맹 지 관계(血盟 之 關係)'라고 했다.

미국의 입장에서 보면, 지난 시절 무한신뢰를 바탕으로 그냥 막 같다 퍼부었다. 할 정도로 아낌없이 주었다. 이것을 우리 한국사회식으로 비유하자면, 부모자식과의 관계에 비견 될 정도의 헌신적인 사랑이 바탕에 깔려 있다.

물량적으로 얼마나 어떻게는 이미 앞서 설명을 다 한바 있다.

정신적으로도, 한국전 희생과 흥남철수작전 등을 예로 들은 바 있다. 그렇다고 해서 미국정부나 국민들이 이를 두고 뽐내는 모습을 단 한 번 도 본 적이 없다.

한국의 입장에서 보면, 너무 이기적이다. 보통 우리가 이기적으로 변할 때, 그에 상응하는 그 무엇을 보답하기 불가능 할 때, 본의 아니게 애 써 외면 한 것이 상대에게 이기적으로 보일 경우가 있는데 지금 우리가 그런 형이 아닌가 할 정도로 미국에 대해 냉정하게 대하는 경우가 많이 있다.

그럼, 5,60년 전에 큰 신세를 졌고, 지금도 신세를 좀 지고 있다고 해서 언제까지 맘에 부담을 가져야 하느냐? 그건 그 때 일이고 오늘날을 살아가고 있는 전후세대는 좀 비켜 갈 수도 있지 않느냐고 얘기할 수도 있다.

21세기, 이제는 보다 동등한 입장에서 '한미동맹관계'를 성숙시켜 나갔으면 한다. 고 말 할 수도 있다.

필자가 생각하고 있는 양국관계는 '성숙한 신뢰'를 바탕에 깔자는 뜻이다.

미국이 지난 것으로 전혀 잘난 척 하지 않듯이 우리도 피해의식에 사로잡힌 듯 주저주저하거나 움츠리지 말자는 것이다.

그래서 양국관계에 어떤 이슈가 발생 했을 때, 예를 들어서, ① 북한 인권문제가 대두되면서 미국에서는 의회결의가 되고 국제적인 동조와 제재가 들어가고 있는데, 한국에서는 인권법 시행에 잠을 자고 있다. 오히려 '북한 인권재단'을 해체해 버리기도 한다. 한국문제인데 한국 국민은 짐자코 있다. 이를 때, 한국의 시민사회는 주저주저 하지 말고 깨어 일어나야만 한다. 이러한 것을 말 하는 것이다.

한국 문제를 두고 미국과 국제사회가 움직이고 있는데, 진즉 한국이 잠잠하고 미동도 하지 않으면 신뢰에 금이 가기 시작하고 한국과 한국인, 특히 미국에 거주하고 있는 100만 한인 동포들에게까지 나쁜 영향을 미 칠 수가 있다.

② 트럼프 대통령이 '안보는 안보이고, 경제는 경제'라며 한미 FTA를 재협상 한다든지, 철강 자동차 등 무역 관세를 높인다든지, 마치 새로운 사람 만나듯 하는 국정운영에도 슬기롭게 대처할 필요가 있다. 한국의 정치 지도자가 좌파라고해서 미국의 안보정책과 괘를 달리해서 신뢰를 상실한다면 이는 큰 사달이 날 수 있다. 한국은 뭐니 뭐니 해도 돈독한 한미동맹의 바탕위에서 국제관계를 펼쳐야만 국제사회 특히 중국이 한국을 깔 볼 수 없게 된다. 이러한 바탕이 진정성이 있으면 한 · 미 특수 관계를 인정받을 수 있다. 오늘날 국제사회는 억 하감이나, 해묵은 맘, 지나친 체면이나 명분만으로 해결되지 않는다. 한 차원 뛰어 넘어야만 살아남을 수 있다.

미국으로 하여금 우리가 한국을 짝사랑하고 있구나. 한국의 발언이 어디서부터 어디까지가 진실이냐. 의혹의 잣대를 갔다 데기 전에 미리 상호교감을 하는 성숙함이 필요하다.

셋째, 한미연합으로 한 단계 '수위 높은 대북관계' 진전을 모색하자.

국내 일부 부류에서는 한국 문제는 한국인 끼리 해결 하도록 하자. 며 이것이 인도적 차원이라고 말한다.

한국전쟁 후 지금까지 인도적 차원으로 수도 없이 접근하고 퍼주어도 북한 주민에게는 전달되지 않고 밑 빠진 독에 물 붙듯 아무런 변화에 조짐을 발견할 수 없었다. 돌아오는 것은 도발이고, 엄포고, 핵과 미사일 개발이고, 늘어나는 것은 탈북 동포들 밖에 없다. 이 쯤 중간 셈을 해 보면, 북한이란 싹이 노랗게 변하고 있음을 알 수가 있다.

새로운 품종으로 재 파종을 하든지, 농경지를 공업지대로 변경시키든지 대수술을 해야 할 필요성을 느끼게 한다.

"지난해 한국 내에서 한미연합훈련이 한창 일 때, 북한에서 셀 수 없을 정도의 미사일 발사 실험을 하고, 군중동원 시위를 하고, 김정은의 군부대 시찰이 빈번하고, 대남 비방방송을 극열하게 하는 것을 눈 여겨 보신 적이 있는지?"

왜 그렇게 난리 법석을 떨며, 미사일 한 발 값이면 북한 동포 만 명의 하루 끼니를 해결 할 수 있는데도 허공에 마구 펑펑 쏘아 데고 미친 듯 광적인 발작을 하는 것인지...

다 그 이유가 있다.

평소 북한은 한국 자체 군사력이나 군사적 활동에 대해서는 그의 무관심하고 안중에도 없다. 그리니 대북 삐라 살포라든지, 한국 내 언론이나, 유력기관에서 북한 체제나 북한이 일컫는 존엄(김일성, 김정일, 김정은)에 대해 비방이나 비판은 가하면 사생결단하고 달려드는 모습을 볼 수 있다.

또한 미국의 군사적 움직임에 대해서는 촉각을 곤두세운다. 부산항에 미 항공모함이 도착해서 일반에 공개를 한다든지, 일본 오키나와에 있는 미군 스텔스전폭기가 군산 미군비행장에 잠시 착륙한다든지, 하면 또 발작을 한다.

특별히 한미연합작전(을지 프리덤 가디언, 키 리졸브, 독수리연습 등)이 한반도에서 펼쳐지게 되면, 과거 김정일은 그 작전이 끝날 때까지 지하 벙커에서 생활을 했다고 한다.

한미연합훈련이 연이어 진행되면서 항공모함과 스텔스 폭격기가 한반도에 도착하고, 미군 증원 병력 상륙작전이 전개되는 과정에 북한은 북한이 보일 수 있는 모든 위력을 과시하며 전군과 북한 주민에게 전쟁 동원령을 내리기도 했다. 이러한 트라우마는 과거 한국전쟁으로 거슬러 올라간다. 김일성은 당시 미군의 항공 폭격에 속수무책으로 당하고 병력이동을 야간에만 할 수 밖에 없었다. 그러다보니 공격속도가 지연되어 서울을 3일 만에 점령을 하고도 한강 이남으로 전진을 하는데 많은 어려움을 겪었다.

때문에 미군 전투기의 한반도 출현에 예민하게 반응을 하게 된다. 특히 미군의 스텔스 폭격기는 북한의 대공레이더 망에 잡히지 않기 때문에 더 큰 공포에 젖어들게 된다.

지금의 김정은 군사집단이 위협을 느끼는 것은 또 다른 곳에 있다. 사람을 매우 못 믿어 하고 의심을 잘 하는 성격 때문에 빚어진 자업자득이다.

즉 한미연합훈련이란 것이 한국 내에서 연례적으로 실시하는 계획된(이미 알려진) 방어훈련이라는 것, 그 자체를 믿지 못하는 것이다.

미국의 마음먹기에 따라 한반도에서 훈련을 빙자해 곧바로 북진을 감행할 수 있다는 것이 그들만의 정보 분석에서 나온 의심 병 때문이다.

북한에게 지금 보다 더 수위 높은 자극을 가하여, 지도자나 측근이 평소에 정상적인 정치력을 발휘하지 못하도록 하는 것이 북한 동포를 구하고, 조기에 무너지게 하는 방법이다.

이렇게 되면 오히려 더 자극하게 되고 발작을 불러일으켜, 럭비공마냥 어디로 튈지 모르게 되면 한국에 더 많은 혼란이 가중되지 않겠느냐. 는 우려도 나올 수 있다.

바로 이런 심리를 이용하고 있는 것이 과거 정권에서 잘 못 길들인 결과물이며, 오늘날 북한의 행태라는 것을 알면, 북한을 바라보는 시선이 달라 질 수 있다.

'북한 노동당 집권세력' 은 우리가 생각하는 보편적인 인간미, 사회공동체, 시민의식, 이런 것으로 호소해서 먹히는 집단이 아니라는 것을 알아야 한다.

이들에게는 오직 수령과, 당, 핵심 군부, 10% 내외의 특권층, 그리고 평양시민만 있을 뿐이다. 이 정도면 체제유지를 하는데 이상이 없고 천년만년 '김 씨 왕국'이 계승될 것으로 생각 하고 있다. 장성택 처형, 현영철 인민무력부장 처형, 중국과의 삐걱거림과 화해 반복, 탈북 증가, 심각한 경제난, 국제사회의 경제제재, 등으로 탈출구가 보이지 않아 곧 무너질 것으로 생각하는 경향이 있다. 이것은 북한 독재체제를 잘못 읽고 있는 기우(杞憂 : 쓸데없는 걱정)에 지나지 않는다.

'전시작전통제권 환수' 문제를 또 다시 거론되기 시작했다.

국방부장관은 북한 비핵화가 실현되면 전작권 조기 환수를 할 수 있다고 했다. 미국 국방부장관 매티스는 한국의 재래식전력이 북한을 압도 한다고 했다.

전작권이 환수되면, 한미연합사는 자동 해체가 된다. 그렇게 되면 한국군은 허허벌판에 홀로서 있어야 하고 이 모든 부담은 모든 국민이 감당을 해야만 한다.

국민 복지, 교육재정 확충을 위해 온갖 예산 타령을 하면서 앞으로 늘어나는 국방예산을 어떻게 감당하려고 하는지 ... 전시작전통제권을 오롯이 한국이 전담을 하고 미국이 손을 떼면 천문학적인 예산을 국민이 부담해야 한다.

문제는 그 많은 예산을 투사하고도 북한과 군사력 겨루기에서 앞장 설 수 없다는 기막힌 현실이 있다.

이를 극복하기 위해 북한에 상납해야하는 안보 결손 비용 역시 상상을 초월 한다.

이것을 알지 못하는 국민은 국가가 알아서 잘 하고 있는 것이겠지 하며, 소 잃고 외양간 고치는 일이 있고 나서야 후회를 하게 되는 수가 있다.

기존에 잘 돌아가고 있는 체제는 손을 되지 않는 것이 상책이다. 기존체제를 확실하게 능가하는, 이를 실증적으로 증명할 수 있는 대안이 나오기 전에는 국가안보체제는 쉽게 손을 보는 것이 아니다.

지금 전작권 환수 이론은 북한 김정은 군사집단이 줄기차게 요구하고 있고 나아가 중국이 적극적으로 주장하고 있는 논리이다.

이 주장을 한반도가 통일되고 외부 위협에 대응 가능한 군사력을 보유할 때까지 그대로 두는 것이 바람직하다.

참고로 미국 입장에서는, 동맹국이 싫다하면 언제라도 손을 뗄 수 있다는 입장을 가지고 있다.

다만 최근 미국 트럼프 대통령이 자주 거론하고 있는 ① 한 · 미 연합훈련 무용론, ② 주한미군 철수론, ③ 주한미군 주둔비용 문제, 등은 필자의 소견으로는 긴박하게 돌아가는 대북정책에 대한 화답차원으로써 아주 높은 차원의 외교적 수사로 보고 있다. 만약 그게 아니라면, 이것은 미친 짓이고 지금까지 쌓아올린 미국의 세계적 신인도가 하루아침에 무너져 미국인은 더 이상 국제사회에서 존경받는 대상이 될 수 없게 된다.

필자의 예상이 적중하기를 기대한다.

국방개혁의 핵심 구현

'국방개혁'이란 정말 어려운 과제이다.

차고 넘치는 자신감이 있어도 '상대의 병력과 화력 수준' 그리고 '군사 전략'을 염두에 두지 않은 '셀프 군축'은 곧바로 군사력 약화를 가져온다.

필자는 지금까지의 국방개혁이 왜 그리 어렵게 되었었는지, 해결할 방법은 없었는지, 바람직한 국군의 개혁 모델은 어떤 것인지에 대해 제시해 보려고 한다.

국방개혁과제가 제대로 자리 잡지 못한 이유는 크게 세 가지로 구분해서 생각해 볼 수 있다.

① 개혁과제에 대한 이해관계가 첨예하게 상충 된다.

② 전문가가 양성되어 있지 않다.

③ 제대로 된 한국형 모델이 제시 되지 않았다.

1) 이해관계가 맞물려 돌아가는 대상이 너무 많아 그 욕구를 충족시켜 줄 수가 없기 때문이다.

위로는 국군통수권자(대통령), 정치권, 각 군, 각급 지휘관, 이해당사자인 개별 직업군인 까지 어느 한곳 쉬어 갈 곳이 없다. 대통령은, 재임 기간 중 업적에 관심이 있고, 군과의 지휘권 관계 유지에 신경을 쓸 수밖에 없다. 통합군체제를 유지하자니 권력이 집중되는 것 같고, 국방부와 합참에 군정권과 군령권을 나누어 위임하자니 지휘체제가 이원화 되어 무언가 허전한 듯하고, 정치권은, 특별한 의미를 부여하지 않고 정부, 여당 추진 안에 무조건 반대 안을 내세워 딴지를 걸고, 각 군, 육, 해 공군은 자 군의 이익에 맞아떨어지도록 온갖 국내외선례와 영향력 있는 선배를 동원해서 집단 움직임으로 기선을 잡으려고 한다.

각급 지휘관은, 본인이 재임 하는 동안에 불이익이 초래될 것을 우려한 나머지 어떻게든 소낙비를 피해 가려고 한다.

아차, 무능한 선배로 후배들에게 낙인찍히는 것이 두렵다.

직업군인 개개인은, 구조 조정이 본인의 진급과 영향이 있으니 신경을 곤두세우게 된다. 각종 부대의 증, 창설, 감편, 해체 등으로 내 직위가 없어지기도 하고, 새로 더 생기기도 하여 군 생활에 운명이 결정 될 수도 있기 때문이다.

특히 가장 결정적인 영향력으로 지지부진하게 만드는 것이 육, 해, 공군 간의 영역 다툼과 지휘체제에 관한 것이다.

가장 많이 거론 되고 있는 것이 다음과 같다.

① 국방지휘체제에 관한 것이다. 통합군체제냐, 합동군체제냐, 즉 군정권과 군령권을 어떻게 두느냐.

② 육군 중심체제냐. 각 군 병립식체제냐.

③ 국방부 합참 주요직위 보직을 2:1:1이냐, 1:1:1이냐. 또는 그 이상이냐, 그리고 국방부장관, 합참의장을 육, 해, 공군 간에

순환보직이냐. 육군 중심 보직이냐.

이 중에서도 해, 공군에서 불만을 가장 많이 제기 하는 것이

① 전쟁을 지상군 중심으로 육군이 주도하고, 해, 공군은 지원을 한다는데 그치고 있다.

② 창군 이래 줄곧 육군중심체제가 지속되어 왔다.

③ 전시작전통제권이 미군에 있음으로 지상작전은 한국군에 해상 및 공중 작전은 미군 구성군사령관에 두어 미군이 한국 해, 공군을 지휘하게 두었다.

④ 북한의 위협을 얘기하면서 북한 지상군이 120만 정도이니 이를 한국 지상군으로 대처해야 한다는 것은 시대착오적인 발상이다.

⑤ 미군은 1954년 11월 17일 한미상호방위조약으로 북한의 남침을 저지하고, 1954년 7월 30일 한미합의의사록으로 한국군의 북침을 막도록 한 것이 미국의 패권전략의 일환이고 한국군을 육군 중심체제로 운용하게 되는 비대칭구조가 형성되었다.

따라서 한국군의 작전지도 개념을 지상군 중심에서 공중작전 중심으로 전환해야 한다. 해군작전은 한반도 작전 환경 상, 공중작전에 편입되어야 한다.

대충 이 정도의 논리로 각축을 벌리다 보니 늘 국방개혁은 제 자리에서 맴돌고 있는 것이다.

특히 공군 전직(前職)관계자들은, 현 국가안보 지휘체제 상 일반

적인 논리로 요구사항이 관철되지 않으니, 정치판의 야권과 좌편향 학계 언론계를 동원해서 세 불리함을 막고 나서고 있다.

2) 국방개혁 분야에 전문가가 양성되어 있지 않다.

평소에 아무 탈 없이 국방의 시계가 돌아가고 있으니 아무도 관심을 가지고 있지 않다가 정권이 바뀌면 꼭 한번 씩 국군통수권자가 국방개혁의 필요성을 대두시켜서 바람을 일으킨다. 국군의 지휘구조, 부대구조, 병력구조를 개선하고 방위사업에 효율성 제고를 위해 개혁을 하겠다. 그래서 국민의 군대로 거듭나고 신뢰를 받을 수 있도록 하겠다고 다짐 한다.

그러면 국방부에서는 부랴부랴 한시적(6~10개월 또는 1년)으로 또는 추가 기한 연장으로 국방개혁위원회를 증편하고 작업에 착수하게 된다. 각 군에서는 주로 한직(閒職)에 있는 사람들을 파견시키고, 국방연구원과 교육사 또는 민간 전문가라면서 학계 있는 사람들을 초청해서 위원회를 구성 한다. 외형상 모습은 갖추었지만, 내면을 들여다보면 허점투성이다.

① 한시적이기 때문에 결과물에 대한 실명제 의식이 있을 수 없고,

② 구조문제를 다루기 위해서는 그 분야에서 책임자로서 최소한 2년 이상의 실무경험이 있어야 하고,

③ 외부 영향력을 근원적으로 차단해 주어야 한다.

구조 작업을 하려면 관련 대상 기구의 작전 기능을 알아야 하고, 편제표를 완전히 숙지해야하며, 최소한 편제표를 보고 이해하는데

그침이 없어야 한다. 외국과 국내의 선험사례 자료를 얼마나 수집하느냐에 달려 있겠지만, 그것을 해독하는데 큰 어려움이 없다. 또한 실제 야전 근무 경험이 있고, 부대지휘를 해 본 경험이 있어야만 '국방개혁' 작업이 완성되었을 때 미칠 수 있는 영향들을 체감으로 분별을 할 수 있고, 시행과정에 혼란을 방지할 수 있다.

특히 민간 영역에 있는 사람들 중에서 이 분야에 전문가라며 나서는 사람들 중에 아주 위태로운 발상을 하는 경우가 많이 있다. 외국과 국내 연구 자료들을 인용하면서 마치 그것이 한반도 안보환경에 최적인 것처럼 논조를 펼치는 사례가 있다. 예를 들어서 ① 한국군의 지상전 중심 작전지휘체제를 시대 뒤쳐진 것으로 결론을 내리고 있고, ② 북한군 병력 숫자에 연연해서 한국군 육군 규모를 유지하고 있다. 또는 미군의 1950년대식 지휘체계를 답습하고 있다. 는 등의 표피적인 지식을 가지고 있다.

위 ①, ②에 대한 오해와 진실을 얘기해 보기로 한다.

대부분 잘못된 이해이고 해석이며 예상되는 한반도전쟁을 전혀 이해하지 못하고 있는 단세포적인 상상력이다.

북한군의 병력 숫자는 참고사항일 뿐이고, 북한군의 군사전략을 중요시 하고 그에 따른 북한군의 세부적인 병종별 구성과 과거 전사(戰史)를 고려해서 한국군의 병력 규모와 작전지휘체계를 편성한 것이다.

• 오늘날에 전쟁이 공중작전 중심이니까 육군을 많이 줄이고, 공

군을 대거 증편해 두면, 전쟁에 승리할 수 있다는 얘기도 한다. 이 정도 수준을 접하게 되면, 북한 김정은이 주석궁전에서 군부와 당 지도부를 모아 놓고 거나하게 연회를 펼칠 분위기를 조성해 주는 꼴이다. 북한군 군사전략이 '기습전이고, 속전속결전이고, 정규전과 비정규전 배합전이고 사이버전'을 펼치겠다며 모든 군사조직을 개편하고 증편을 해 두었는데 그리고 주요장비 모두를 지하화해서 미군과 한국군의 공중공격에 이미 다 대비 해 두었는데 무슨 공중작전으로 승리를 하겠다는 것인지 이해하기가 거북하다.

이라크나, 걸프 만, 리비아 전쟁에서 공군작전의 성과를 보고 예찬 하고 있는 듯한데, 아직 아프가니스탄 전쟁이 지속되고 있고, 과거 베트남 전쟁에서 미군의 무수한 공중 폭격에도 북베트남이 승리를 했고, 아프가니스탄 전쟁을 종식 못시키고 있는 것은, 항공작전의 한계, 취약점이 그대로 도출되고 있는 것이다. 지반이 화강암 지대이고 지하화 해 놓으면, 효력이 반감되고 있음을 알 수 있다. 그래서 북한은 미국의 현대화 된 공중작전에 미동도 하지 않는다.

북한 해군의 함정과 공군의 전투기 숫자가 남한에 위협을 주는 것이 아니라 북한 정규군 120만 명에 포함되어 있는 특수부대 요원 20만 명이 큰 위협으로 작용하고 특히 이들을 3개 제파로 나누어 남한 지역에 동시 침투시킬 수 있는 놀라운 능력을 확보하고 있다.

북한의 다짐대로 표현하자면, 만약 기습작전 만 성공할 수만 있다면, 남한의 항공기 1대도 날지 못하게 하고, 함정 1척도 바다에 띄우지 못하게 할 수 있다고 장담하고 있다.

이를 방지하기 위한 수단은 우리의 지상군 외에는 대책이 없다. 왜냐하면, 이들은 예상치 못한 시간에 예상치 못하는 장소로 예상치 못하는 방법을 동원해서 침투를 하기 때문이다.

• 한편 일부 문외한 측에서는 북한 특수부대원 20만 명은 검정되지 않은 정보이고, 한국군의 지상군을 현상유지 내지는 증강을 위한 수단으로 이용하고 있다는 얘기를 하고 있다.

아무리 특정 군을 위한 궤변이라지만 정확한 정보를(휴민트〈인간정보〉에 의한 제공) 왜곡해석하면서 까지 논리를 정리해서는 안 된다. 군사전략을 수립함에 있어서 가장 조심해야 하는 것이 확정된 근거가 아닌 정보에 소망적사고(wishful mind)를 가지는 것이라는 것쯤은 군 생활을 제대로 한 사람들이 가지는 기본 상식이다.

그렇다면 한국 공군의 취약점은 없는가?

▲북한 특수부대 요원들은 이미 우리 공군기지에 대한 정보를 다 가지고 있을 진데, 활주로, 격납고, 공군조종사 숙소 등에 대한 기습 침투에 대비책은 완벽한가?

▲속전속결 작전을 추구하는 북한군이 한국전쟁 때와 같이 삽시간에 밀고 내려온다면, 수도권 공군기지는 안녕할 수 있는가? 한반도의 전투정면이 협소하고 전장종심도 얕은 것이 공중작전 및 지상기동작전에도 매우 불리하다는 것은 익히 알려져 있는 사실이다.

따라서

▲공군을 지금의 배로 증강한다고 했을 때, 과연 어디에 어떻게 배비할 것인지(활주로 확보, 비행소음, 사격장 확보, 무기체계 보강 및 운영유지 예산 확보 등)?

▲공군 중심작전을 한다면 한국방어계획 또는 북한 점령계획 등을 어떻게 할 것인지 가상 시나리오라도 구상해 두었는지? 공군의 원대한 꿈 못지않게 국민들은 더 많은 궁금증이 있다는 사실도 알았으면 한다. 현재의 전시작전통제하에서 미군 공군 구성군사령관이 '오키나와와 괌에서' 미군의 공군기가 출격하고, 한반도에 최소한의 공군력(한국 공군과 군산과 오산의 미 공군 정도)으로 급변 사태에 즉각 대응하도록 하는 체제는 한국 공군을 얕보아서도 아니고 공중작전을 평가절하 해서도 아닌, 공군의 작전환경을 감안한 최적의 시스템이라고 본다. 그러나 현재 한국 공군의 전력증강 계획은 차질 없이 진행되어서 최정예 공군으로서의 위상을 갖추었으면 한다.

한반도안보환경과 북한 군사전략에 대응하기 위한 육군 중심의 지휘체제구성은 그나마 최소경비(국민세금)로 국가안보를 지키기 위한 우리의 불가피한 선택이고, 안보 현실을 반영한 것으로 본다.

• 아울러 국방부나, 합참에 각 군 구성비율과 합참의장의 순번제 순환보직제 등을 법제화 명문화 하자는 것은 국군통수권자와 그 권한을 위임받은 국방부장관의 지휘 폭에 제한과 융통성 있는 대처에

찬물을 끼 얹는 것으로서 바람직한 방안이 되지 못한다. 예를 들어서 최근 벌어지고 있는 방산 비리에 해, 공군 고급지휘관들이 줄줄이 걸려들고 있는데 이런 예상치도 못한 비상사태 시 임명권자의 고통을 들어주자는 뜻이다.

• 육군이 지상작전을 주도하고 해, 공군이 육군 작전을 지원하는 시스템으로 운용하고 있다. 는 지적에 대해서도 한반도에 예상되는 전쟁 양상이 지상전 중심으로 전개될 수밖에 없기 때문에 해, 공군이 작전 지원하는 것은 당연하고, 그 외 합참차원에서 선정되는 전략목표(후방 적 병참기지, 지휘사령부, 포병 및 유도무기 진지 등)에 대해서는 해, 공군 단독작전을 할 수 밖에 없다. 그 외 공대공, 해대해 작전을 위한 독자적인 작전 능력 개발과 교리의 발전, 무기체계의 개발, 우수인재 양성 등 할 일이 무궁무진 하다고 본다. 또한 북한특수부대 침투작전에 대비한 자체 경계능력을 보완하고, 이를 격퇴시키기 위해서 높은 철조망만 두르고 안심할 것이 아니라 육군의 지상작전 지원체계와 결합하여 합동작전을 수행할 수 있도록 하는 노력이 필요하다.

• 미국의 패권전략에 의해, 1954년 한미상호방위조약으로 북한의 남침을 저지하고, 한미합의의사록으로 한국군의 북침을 저지하도록 하면서 전시작전통제권을 미군이 가지게 되고 한국군을 육군중심 체제로 만들었다. 고 말하고 있다.

포괄적 논리로는 합당한 부분이 있지만, 당시 한국이 처한 위기 일발의 국난 상황을 전혀 무시하고 있다. 한 가정의 '아비'가 직장과 사회에서 갖은 압박을 받고 있지만 가정에 돌아가면 자녀들 앞에서 너털웃음을 지으며 당당한 모습을 보이고 있다. 속이 새까맣게 타들어가는 속사정은 모르고 외양만 보고 '아비'를 평가 한다.

비유가 적절한지 모르겠지만 현실 인식을 잘못하고 있는 것에 대해 달리 설명할 방법을 찾기 힘들어 우회적으로 표현해 보았다.

조금 더 당시 실제 상황을 설명하자면, 이승만 대통령은 북한 김일성이 소련의 적극적인 후원과 우호세력에 힘입어 순탄하게 국가를 건설하고 있었는데 비해, 남한은 박헌영을 필두로 한 남로당의 방해공작으로 극심한 남남 갈등을 빚어 사회가 혼란 상태에 빠져 있었고, 게다가 미국까지 미군을 완전 철군 하겠다고 얼음장을 놓고 급기야 군사고문단 500여 명만 남겨 두고 모두 철수를 해버렸다. 당시 한국군은 10만 여 명에 불과했다. 전차와 각종 포로 무장한 30만에 이르는 북한군에게 중과부적의 상황이었다. 이승만 대통령은 미군의 철수를 막기 위해 한국군 단독 북침 설을 퍼드렸다.

한국전쟁이 발발하자 미국은 다시 미군을 파견 했지만, 이승만 대통령의 북침 주장은 계속되었다. 이것은 이 대통령의 '벼랑 끝 전술'이며, 한국군 전력 증강 요구가 근본적인 이유이다. 솔직히 표현하자면 당시 한국군 능력으로 북침은 언감생심 엄두도 낼 수 없는 상황 이지만 미국의 약점을 최대한 활용하고자 하는 깊은 뜻이 숨겨져 있었다. 일단 한반도에 발을 디딘 미군을 인계철선으로 삼자는 뜻이었다. 미국은 이로 인한 3차 세계대전을 우려했고, 이승만 대통령이 요구하는 내용을 다 들어 주었다. 한국군 전력 증강과 한미상호방위조약, 그리고 미국이 요구하는 한미합의의사록과 전시작전통제권 등으로 혼란기에 최초의 한국군 국방체계를 갖춘 셈이다.

이때, 지금 일부학자나 공군 일부에서 주장하는 해, 공군은 미국이, 육군은 한국군중심으로의 체제가 굳혀 진 것은 틀림없다.

이를 수밖에 없었던 이유는 당시에 한국의 능력은 비행장 활주로를 만들 능력도, 조종사 양성할 능력도, 해군의 함정 운항 능력과 정박시설 구축 문제 등 아무런 준비가 되어 있지 않은 상황으로서 지상군 운용 능력을 갖추는 것만으로도 감지덕지 할 형편이었다. 이러한 전체적인 흐름이 미국의 패권전략의 일환이었다고 하는 것은 큰 틀에서는 동의할 수 있지만, 깊은 속내에는 한국과 미국이 서로 윈 윈 하는 전략이 내포되어 있다. 미국을 등에 업고 북한의 남침을 저지하여 자유만주주의체제를 실현 시켰고, 미국은 중국과 러시아가 태평양으로 팽창하는 것을 저지하는 큰 성과를 얻었기 때문이다.

이러한 국난극복의 선구자 이승만 대통령의 당시 빼어난 외교력과 통치력을 폄하하는 것은 역사인식과 시대사조의 흐름을 읽는 혜안에 더 많은 내공이 필요하다.

해, 공군에 펜스를 치고 속살을 드러내지 않으면서 요구만 봇물처럼 쏟아내면 동의를 받아 낼 수 없다.

공군이 중심이 되는 국군조직체계는 한반도 통일 후, 우리가 대륙을 지향하고 해양을 지향할 때 그 때 쯤이 될 수 있고, 남북 간 군사통합이 원활하게 이루어지고, 전시작전통제권이 환수된 다음, '통일 한국 국방개혁'이란 과업을 통해서 이루어 질 수 있다. 현 시점, 남북한이 첨예하게 대립하고 있는 좁은 한반도에서의 거론은 시기상조이고 시간 낭비이며, 국군 내 분란만 가중시키는 무의미한 발상이란 것을 강조한다. 이제 더 이상 비전문가들이 전문가인 양 온갖 검정되지 않은 논조로 국민을 혼란시키는 일이 없었으면 하고, 외국사례와 국내 연구사례들은 국방개혁에 참고자료로 활용해야지 무슨 금과옥조처럼 대입시키는 일이 없도록 했으면 한다. 지구상 전무후무할 독특한 안보환경을 지닌 우리의 실정을 더 깊고 사려 있게 생각하는 전문가가 많이 탄생되길 기원해 본다.

3) 끝으로 바람직한 국방개혁 모델을 제시해 보기로 한다.

국방 구조의 특징이 거대하면서도 날렵해야만 하는 특수한 성격을 지니고 있다. 즉 외부에서 보았을 때는 큰 산과 같이 흔들림 없는 웅자를 드러내야 하지만, 그 내부는 물위에 떠 있는 백조처럼 쉼 없이 발을 움직여야만 살아남을 수 있는 이중 구조를 유지하고 있다는 점이다.

국가안보는 현실이고, 살아 있는 생물이다.

각국의 무기체계는 수시로 변화를 지향하고, 국가전략과 군사전략 역시 각국의 전쟁천재들이 다양한 변화를 추구한다.

이에 순응하지 못하고, 대처를 하지 못하면, 그 국가의 운명은 싹이 노랗게 변할 수밖에 없다. 그래서 국가안보에 관한한 생사여탈은 모두 국방부에 맡겨두고 정치권에서는 손을 떼야 하며, 정권의 부침에 따라 국가안보의 근간이 흔들리고, 정권에 연연하지 않도록 국민이 다잡아 주어야만 한다. 가장 대표적인 국가가 미국이다.

미 국방부가 주도해서 국방개혁을 하면, 물론 그 과정에 치열한 공론화가 뒷받침 되지만, 일사천리로 통과가 되고 국가이익을 위해서 지체 없이 집행이 된다.

그렇다면 말도 많고 탈도 많은 한국의 국방개혁은 어떻게 추진하면 될까?

① 국방개혁의 틀을 먼저 확정해야 한다.

국방 구조는 크게 상부구조, 중간구조, 하부구조로 구분할 수 있다. 상부구조는 국군통수권자로 이어지는 최초단계의 지휘체계이며 국방부, 합참, 각 군 본부에 이르는 구조를 말한다. 중간구조는 현 작전사령부로부터 사단 급(비행단, 함대사)에 이르는 구조를 말하고 하부 구조는 그 이하 제대를 일컫는다.

모든 구조를 일시에 개혁하겠다든지, 또는 2개 구조를 동시에 개혁하겠다고 덤벼들어도 소기에 성과를 거두기 힘들다. 이유는 이해 당사자가 다중으로 생겨서 각종 여론을 부추기기도 하고, 무엇보다 안보 상황이 수시로 변하기 때문이다.

특정 1개 구조만 집중해서 가능하면 빠른 시간에 완성해야만 한다. 시일을 더 끈다고 해서 더 좋은 안이 나오지도 않으며 오히려 분란만 조장되고 결과물에 빛이 바랜다.

역대 모든 구조개혁이 초기단계에서 이해 당사자들의 여론을 수집한답시고 문을 활짝 열었다가 모두 실패를 맛보았다.

이해당사자들로 구성된 연구위원회 – 결심권자(군무회의) – 국회국방위원회를 단일계선으로 통일 시켜야만 한다.

군사비밀 사항인 관계로 공청회다, 각 군 순회 설명회다. 언론플레이다. 이 모두를 무시해도 무방하다.

② 전문 인력양성과 기구를 상설해야 한다.

국방개혁에 우선순위 1번으로 추진해야할 부분이다.

군사(軍事) 업무 중에서 가장 접근하기 어려운 분야가 군 구조 분야이다. 업무내용면에서도 어렵고, 개개인의 인과관계 유지에도 어려우며, 진급이라는 과정에도 어려움이 많으니 이 직책을 선호할 수도 없으며, 모두 기피대상 1호 직위로 되어 있다. 그러나 사명감이 있는 사람이 있다면, 그 성취감은 무엇과도 비교할 수 없을 정도로 짜릿한 희열을 맛볼 수도 있다. 이 직위에서 최소한 2년은 근무해야만 전문성을 가지고 있다고 평가할 수 있다. 전체적인 작전지휘 기능을 알아야 하고, 각 급 제대에 편제(병력의 수, 계급과 특기, 장비, 무기체계 등)를 알아야 하며, 상하 지휘계선도 알아야만 한다. 그런데 그런 사람이 드물고 모두 조기에 전역을 한 상태이다. 사관학교 출신은 눈 씻고 찾아보려 해도 없다. 잘해야 본전이고, 인심을 잃으니 승진도 되질 않고, 애써 공명심에 사로잡혀 어려운 길을 들어설 필요성을 못 느낀다. 따라서 상위 직급(과장,

처장, 부장급)에 올라 갈수록 문외한들이 잠시 머물렀다가 인심만 얻고 떠날 궁리만 하고 있으니 국방구조와 편제 기능에 큰 구멍이 나 있다.

통수권자가 새로 들어서서 거창하게 국방개혁을 부르짖고, 국방 수뇌들은 부랴부랴 급조된 위원회를 구성하고, 각 군에서는 한직에 있는 인력을 차출해서 보내다 보니 얕은 지식의 비전문가들이 한시적으로 모였다가 구름처럼 흩어져 그 이후 진행과정은 어떻게 되던 말 던 아무런 책임도 없고, 책임 질 이유도 없다. 그야말로 유명무실해져 버리는 것이다. 이와 같은 현상이 건군 이래 지속되어 온 관계로 엄청나게 중요한 사업임에도 번번이 구두선으로 끝나 버리거나 비정상이 정상으로 그 자리를 채우고 있다.

제대로 된 국방개혁을 추진하려면 '국방개혁위원회'에 순수민간 전문가보다 군 출신 민간 전문 인력을(애써 복무하다 비인기 직군이라는 낙인으로 중도에 물러난 참 전문가들이 있다. 특히 이들은 군 구조를 다루어 보았다는 남다른 자부심과 긍지를 가지고 있다.) 공개경쟁으로 다수 선발해서 책임지고 추진할 수 있도록 힘을 실어 주면 분명히 해 낼 수 있다.

③ 바람직한 국방개혁(안)을 제시해 본다.

한반도 안보환경에 적합하고, 보다 공세적인 한국형 부대 구조가 요구된다. 아주 별나고 독특한 북한군의 구조를 뛰어 넘을 수 있어야 하고, 주변국의 부대구조와 무기체계 상황을 염두에 둔 국방개혁(안)이 필요로 한다.

궁극적인 목표는 싸우면 반드시 이기는 군대조직, 이기되 최소의 전쟁 경비로 최대의 전쟁 결과를 획득할 수 있는 경제적인 군대조직이 되도록 해야만 한다.

■ 먼저 북한군 조직과 지휘체계의 특성을 살펴보면,

- 총참모부(우리에 합참)에서 전선부대를 직접 지휘하도록 되어 있다.
- 각 전선부대는 군단 단위로 집단화해서 독립작전이 가능하도록 편성되어 있다.
- 예비전력(군단 급)을 다수 확보해서 전선이 돌파되면, 곧바로 신속하게 전선을 확대해서 전쟁을 조기에 종결시킬 수 있도록 되어 있다.
- 특수부대를 다수 편성해서 전쟁개시 전 또는 동시에 은밀히 침투시켜서 전, 후방을 교란시키고(지휘 통신시설, 국가 기간시설, 항만 및 공항, 해, 공군 기지 등) 정규 주력부대와 연결해서 전과를 확대시키는데 기여를 한다.
- 각종 포병(자주포, 방사포)을 다수 편성해서 수도에 대한 집중포격과 공격 간 무차별 포격을 하고, 특히 중, 장거리 미사일을 이용해서 한국군 주요시설(해, 공군 기지, 특수부대 기지 등)을 파괴 또는 무력화 시킨다.

- 전차와 장갑차를 다수 편성하여(기계화군단4, 전차군단1 등) 주로 서부에 집중시켜 전격전과 수도 서울을 지향하고 있음을 알 수 있다.
- 해군은 동, 서해가 양분된 지리적 특성으로, 동, 서해함대사령부를 분리 운용하면서 각각 특성에 맞게 동해는 7개 전대 460여 척 함정을 운용하며 수상전투함과 잠수함 전력이 배치되어 있고, 서해는 5개 전대 360여 척의 비교적 적은 해군력이 배치되어 있으나, 지상군의 무장병력을 목표 지역에 기습 상륙시킬 수 있는 공기부양정, 고속상륙정 등을 집중적으로 배치, 운용함으로써 고속기동에 의한 기습 능력을 제고시키고 있다.
- 공군은, 공군사령부 중앙통제 하에 3개의 전투/폭격기 비행사단, 1개 훈련비행사단을 포함 총 4개의 비행사단과 1개 헬기여단으로 구성되어 있다. 또한 2개의 공군저격여단을 보유하고 있으며, 여기에 편제된 300여 대의 AN2기는 저공, 저속비행으로 유사시 아 측 후방으로 특수부대를 침투시킬 수 있다. 공군력은 대지 공격보다는 방공 및 요격 임무 수행에 중점을 두어 작전기지 별로 분산 배치 운용하고 있다. 유사시 비교적 작은 행동반경을 가진 북한 전술기로 한미연합의 최신 항공 전력에 효과적으로 대응하고 공중공격으로부터 전략시설의 생존성을 향상시키기 위해서이다. 전술적으로는 지상군에 대한 근접화력지원을 위주로 하는 전폭기들을 휴전선과 비교적 가까운 기지에 배치하는 한편, 평양 근처에는 요격기를 배

치함으로써 방공 임무에 주력토록 하고 있다.

• 사이버 부대를 다수편성해서 한국군 전장을 교란시키고, 전쟁 지도본부 지휘라인과 해, 공군의 지휘 통제 망을 교란시켜 전쟁 지도의지를 무력화시킨다.

→ 종합해 보면, 북한군은 한국적 작전환경에 적합하고, 북한의 능력 범위 내에서 경제적인 작전활동을 할 수 있도록 아주 독특하게 편성된 군 구조임을 알 수 있다.

■ **주변국들의 군사전략과 군사력 현황을 살펴보면,**

주변국, 미, 중, 일 ,러의 군사력은 사실상 어마어마하기 때문에 본서에서는 비교를 하기 보다는 일반적인 제시 수준으로 그치고, 왜 한미동맹이 필요한 것인지, 왜 한국형 국방개혁이 요구되는 것인지, 참고자료로 활용하려고 한다.

1) 미국의 경우,

국방정책은, 대내 적으로는 9.11테러 이후 본토방위를 안보전략에 최우선으로 두고 각료급의 본토안보부(Department of Homeland Security)를 신설해서 생화학 테러, 국경방호, 항공보안에 중점을 두고 있으며, 대외적으로는, 전면전 보다는 테러 등 비대칭위협에 대한 대응과 초국가적 위협 및 대테러전쟁 등에 집중하고 있다.

방위전략으로는, ① 위기 시 침략과 강압을 억제하는 것이다.

② 소규모 우발사태에 대한 대처능력을 향상하는 것이다.

③ 2MTWs(Major Theater Warfares : 전역)에서 승리하는 전략을 추구하고 있다.

④ 평시 개입태세에서 MTW 전쟁태세로의 신속한 전환 능력에 중점을 두고 있다.

⑤군사적 최우선 순위는 아시아–태평양 지역이다.

군사력은, 미군의 병력은 149만 2천명으로서 육군 586,700명, 해군은 327,700명, 공군은 337,250명, 해병은 199,350명, 해안경비대 41,200명(민간인 6,750명은 별도)으로 구성되어 있다. 주요무기는 핵무기 6,000여 기, 부대구조는 3개 군사령부, 4개 군단, 3각 편제로 된 10개 전투사단(중무장 6개, 경무장 4개), 8개 국가방위군사단, 중 장갑여단과 경 기갑여단 각 1개, 15개의 독립여단으로 편성되어 있다.

2) 중국의 경우,

국방정책은, ① 국가안보와 통일을 수호하고 국가의 발전과 이익보장 ② 국방과 군대건설이 지속발전 가능하도록 전면적 협력 시련 ③ 정보화를 주요 핵심으로 군의 질적 향상 강화 ④ 적극방어의 군사전략 방침 관철 ⑤ 자위, 방어적 핵전략 견지 ⑥ 국가의 평화 발전에 유리한 안보환경 조성

군사변혁은, ① 군의 정보화 추진 ② 과감한 병력 감축으로 군을

소수 정예화 달성 ③ 육군 중심에서 탈피하여 해, 공군 및 정략미사일 부대인 제2포병으로 무게 중심 전환

군사력은 총 2,333천명, 그 중지상군은 160만 명으로 14개국과 접경하며, 16,000km에 달한다. 국토면적은960만 km2이다. 7개대 군구 예하에 성군구, 집단구, 위수/경비구로 편성된다.

7개군구는, 북경 군구(북북군), 심양군구(동북군), 제남군구(중부군), 남경군구(동부군), 광주군구(남부군), 성도군구(남서군), 난주군구(서부군)이며 이 중에서 심양군구의 16(창춘), 23, 39(랴오닝), 40(진저우)군은 한국전쟁에 직접 참가한 부대들이다.

해군은, 사령부 예하에 3개 함대(북해, 동해, 남해) 및 잠수함대 1개, 여단 규모의 해병대, 해군 항공대, 해안방어부대로 조직된 총 23만5천 명에 달한다. 주요 함정으로는 잠수함 93척(핵-SSBN1, 핵동력(SSN)4, 기타 88), 주력 수상전투함 55척(구축함18, 프리키트함37), 기타 수상전투함 약 1,000척(호사함, 초계정, 고속정, 어뢰정, 상륙정), 보조함 약800척(보급, 수송, 측량선 등)

그 외 항공모함 1척과 건조 중인 1척이 있다.

함대별 항공사령부는, 동해함대 항공사(상해) 3개 항공사단, 남해함대 항공사(광동) 3개 항공사단, 북해함대 항공사(청도) 2개 항공사단 1개 항공사단은 3개 연대, 1개 연대는 30여 대의 전투기 보유, 남해함대 사령부 예하에 2개 해병 여단(1개 여단 5,000명)으로 편성.

공군은, 총 병력 39만8천 명으로 주요 방공전략으로는 , 확실한

억제, 저항우선, 시기적절한 역습 등으로 중국의 영공 및 국가주요 시설, 군사시설 보호 임무를 맡고 있다.

공군의 편성은, 공군사령부(북경) 예하에 7개 군구 공군사령부와 44개 항공사단(32개 비행단, 5개 폭격사단, 7개 공격사단), 2개 수송사단이 있으며 1개 사단에는 3개 항공연대가 있다. 항공연대는 최대 4개 비행대대로 구성되어 있으며 1개 대대는10~15대의 항공기와 정비부대가 있다. 군구에 배치된 항공사단의 수는 각각 상이 하며 남서지역에 다수가 배치되어 있다.

그 외 1개 공정여단 예하에 3개 사단이 있으며, 방공부대로,3개 SAM 사단, 1개 SAN/AAA 혼합사단, 6개 SAM 여단과 4개 AAA 여단이 있다.

특수 군으로, 제2포병은 10만 명 이상으로 추정되며, 미사일부대 5만 명 외, 기술장비부대, 화학병, 통신병, 전투근무지원 부대원, 과학연구기관 요원 등이 포함되어 있어 고도의 과학기술 작전 수단과 인재를 구비한 핵공격 능력을 보유한 정예군이다.

3) 일본의 경우,

국방정책은, 국방의 기본방침 4원칙을 기초로 발전되었으며, 국방의 목적을 '직접 및 간접침략을 미연에 방지하며, 만일 침략을 받았을 때에는 이를 배제함으로써 민주주의를 기조로 하는 일본의 독립과 평화를 지키는데 있다'고 규정하고 이를 달성하기 위한 4가지 기본방침으로

① 국제연합(UN)의 활동을 지지하고 국제간의 협조를 도모하여 세계평화 실현을 기대해 간다. ② 민생을 안정시키고 애국심을 고양하여 국가의 안전을 보장하는 데 필요한 기반을 확립해 나간다. ③ 국력과 국정에 따라 자위를 위해 필요한 한도 내에서 효율적인 방위력을 점진적으로 정비해 나간다. ④ 외부로부터 침략에 대해서는 장차 국제연합(UN)이 유효하게 이를 저지하는 기능을 완수할 수 있을 때까지는 미국과 안전보장체제를 기조로하여 이에 대처해 나간다.

그 외 기본정책으로는 ① 전수방위원칙과 군사대국이 되지 않을 것 ② 비핵 3원칙(핵무기를 보유 하지 않고, 만들지 않고, 반입하지 않는다.) ③ 문민통제의 확보를 제시하고 있다.

군사력은 총 247,150명이며, 그 중 육상자위대의 경우 방위상 예하에 북부방면대(삿보로), 동북방면대(센다이), 동부방면대(아사카), 중부방면대(이타미), 서부방면대(겐군)와 보급처, 장관 직할부대가 있으며, 편성정수는 15만 6천50명(상비자위관, 14만 8천, 즉응예비 자위관, 7천), 지역배치 하는 부대 수는 8개 사단/6개 여단이 있다. 그 외 기동운용 부대로는 1개 기갑사단, 지대공 유도탄 부대로 8개 고사 특과군, 전차 약 600량, 주요 특과 장비 약 600문이 편성되어 있다.

해상자위대 경우, 방위상 예하에 자위함대(호위함대, 항공집단, 잠수함대)와 지방대(요코스카 지방대, 구레 지방대, 사세보 지방대, 마이즈루 지방대, 오오미나토 지방대) 그리고 교육기관 등이 편성되어 있다. 일본 근처의 바다는 지방대가 지키고, 멀리 떨어진 원해(遠海)에서는 자위함대가 방어를 담당한다.

병력은 45,500 명이며 호위함부대(기동운용) 4개 호위대군, 호위함 부대(지방대) 5개 대대, 잠수함 부대 4개대, 소해부대 1개 대군, 육상 초계기 부대 9개대, 호위함 약 47척 잠수함, 16척, 작전용 항공기 약 150기로 편성되어 있다.

항공자위대 경우, 방위상 예하에 항공총대(후츄), 항공지원 집단(후츄), 항공교육 집단(하마이츠), 항공개발 실험집단(이루마), 보급본부(이치가야) 등이 있으며, 이중 항공총대는 항공전투 임무를 부여 받은 실질적인 제1선 부대이다. 여기에는 북부항공 방면대(미사와), 중부항공 방면대(이루마), 서부항공 방면대(카스가), 남서항공 혼성단(나하)가 있으며, 이들을 총괄 지휘 하는 곳은 한국의 공군작전사령부에 해당하는 항공 막료감부가 있다.

병력 수는 47,100명이며, 7개 전투비행단에 F-1 3개 대대, F-15 4개 대대, F-4EJ 3개 요격대대RF-4EJ 1개 비행대대,E-2C 1개 비행대대 등의 주요 부대가 있다. 주요전력으로는, F-2 32대, F-1 27대, F-5J 203대, F-4EJ 50대, E-2C 13대, AWACS 4대 등을 들 수 있다.

4) 러시아의 경우,

국방정책 기조는 ① 국가 간 분쟁 발생 시 정치적 해결을 우선하되 유사시 국가 방호와 국가이익을 구현하기 위해 군사력을 사용하는 것이며 ② 기동성 있는 소수 정예군 육성을 목표로 군 개혁을 우선적으로 실시하고 차세대 방산장비 및 신무기의 생산, 획득, 배치하며 ③ 최소한의 핵무기를 유지하되 소형 핵무기의 개발과 핵무기 사용의 개연성을 확대시켜, 침략억제 및 위협수단으로 사용한다.

국방정책을 지원하기 위한 군사전략은, 평시 러시아 연방 및 동맹국에 대한 무력침략에 대비하여 핵전력의 전투준비태세 및 훈련수준을 유지하고 일반 집단군의 전투력을 국지전 수준에 대응할 수 있도록 하며, 부대의 전략적 전개를 위한 대비태세를 유지하는 한편 국가 중요시설에 대한 경계강화와 후방교란 및 테러행위의 예방적 차단에 주력한다.

전시 군사전략 개념은, 위협정도에 따라 유연성 있는 군사력 전개를 실시하며, 이를 위하여 동맹국과의 연합작전을 포함한 준비태세와 핵 억지력을 유지한다. 소규모 분쟁 및 테러에 대해서는 신속하게 대처하는 한편, 분쟁의 확대방지를 위한 조치를 취한다.

푸틴 집권 후 군사 상황과 주요 국방정책은,

① 군사력의 양적 증강에서 탈피하여 소수정예군으로 재편하고 있다. 즉 병력을 120만–〉85만 명 선으로 감축

② 군사선진국에서 진행되고 있는 군사력 운영 측면에서 군 개혁을 추진하고 있다. 즉 신속정예군 건설, 지상군 10개 사단 중 1개 사단은 평화유지(PKO) 기능 수행, 군사장비 조달 제한–〉 연구개발에 투자 등

③ 단, 중, 장기적인 마스터플랜을 갖고 미래전에 대한 대비책을

강구하고 있다. 다양한 전쟁 시나리오에 대비하여 '제한 핵전쟁의 개념(limited nuclear war)'을 설정하여 대비하고 있다.

군사력은 총 845,000명으로써, 국방부와 총참모부 예하에 3개 군종(지상군사, 해군사, 공군사) 및 3개 병종(전략미사일군 우주군, 공수부대)으로 구성되어 있다. 각 군종과 병종 사령부는 국방부 내국으로부터 군정을 받고, 총참모부로부터는 군령을 받아 예하부대를 지휘한다. 평시에는 각 군이 예하제대를 통제하며 전시에는 총참모부 예하의 전략적 제대(중앙군)를 제외한 나머지 부대들을 필요에 따라 전선, 전역 등에 배속시켜 통합지휘관의 지휘를 받는다.

통합 전투력 발휘를 위하여 지휘통제의 일원화를 추구하고 있다. 8개의 군관구 체제가 일단 4개의 군관구와 2개의 작전전략 사령부로 조정되며, 군관구와 작전 전략사는 작전-전략사령부(Operational-Strategic Command)의 위상을 갖게 된다. 작전-전략사령부는 지상군 및 공군뿐만 아니라 해당 권역 내 타 부대에 대해서도 작전통제권을 갖게 된다. 통합사 내역을 보면, ① 지상군(군관구)은, 서부통합사(레닌그라드/모스크바), 남부통합사(우랄·볼가/북카프카즈), 시베리아토압사(시베리아), 극동통합사(극동) ② 해군(함대사)는, 서부통합사(발틱, 북양), 남부통합사(흑해, 카스피해전단), 극동통합사(태평양) ③ 공군(사단)은, 서부통합사(2개), 남부통합사(3개), 시베리아통합사(1개), 극동통합사(1개)로 편성되어 있다.

특별히 러시아 전략군의 전력구조를 살펴보면,

10만 명으로 구성된 전략군의 주요 임무는 적 지역 내의 핵 공격 수단 및 중요한 정치, 군사, 경제, 통신 시설의 파괴와 작전지역에서의 병력 집결 또는 함정 집결에 대한 타격 등을 포함하고 있다. 주요제원을 보면, ICBM SS-11, 13, 17, 18, 19, 24, 25 는 사거리 9,000-13,000km에 이르며, SLBM SS-N6, 8, 18, 20, 23은 사거리 2,400-9,100km에 이른다. 순항미사일(장사정) SS-N-21, AS-15는 사거리가 3,000km 이다.

→ 주변 4각의 가공할 군사력은 차마 우리 한국과 비견하는 자체가 부끄러울 정도로 소름이 끼친다.

→ 이를 극복하기 위해 국제사회가 머리를 짜낸 것이 각종 국제레짐(regime :제도, 체제, 기구)이다. 유럽의 NATO, 우리 한국이 미국과 맺고 있는 '군사동맹〈 military alliance 〉'이 바로 그것이다. 즉 미국이 한 가운데서 '군사력에 균형'을 유지해 줌으로써 동북아에 전운을 잠재우고 있는 것이다.

→ 우리의 해군과 공군의 역할이 절대 필요함을 공감하면서도 형편상 미국의 우산아래에서 최소 억지 수단 정도로 전력증강을 할 수 밖에 없고, 최소 경비로 최대효과를 거둘 수 있는 지상작전(육군) 위주의 국방정책을 수립해야만 하는 것은 알면서도 겪는 고통이 있다.

한국군의 편성(안)

한국군은 창군 이래 미군의 전구 급(해외파병, 독립작전 수행) 기구 체제를 그대로 모방하여 지켜온 세월이 어언 60여 년이란 세월이 흘렀다. 한반도의 지세와 당면한 북한군의 전략 전술에 능동적이고 공세적으로 대처할 수 있는 기구로 재편성 할 필요성이 대두되고 있다.

한국군 구조 개편(안)을 구상하는데 심각하게 고려한 것은,

첫째, 북한과 주변국의 군사전략과 군사력을 챙겼고

둘째, 현행 한국군과 주한미군, 증원될 미군의 군사전략과 군사력을 바탕에 깔았으며

셋째, 최근 전쟁(걸프전 이라크전, 아프카니스탄전) 결과를 참고했으며

넷째, 연합 및 합동작전 능력 발휘에 적합성

다섯째, 한반도 지형과 작전환경에 걸 맞는 구조

여섯째, 경제적 군 운영과 효율성 제고에 적절성

일곱째, 각 군별 독자적 기능 발휘와 제고된 각 군의 능력을 합동시킬 수 있는 지휘구조를 고려하였다.

국방개혁(안)

1) 최 상부 지휘구조는 현행 시휘구조를 그대로 따르기로 했다.

국군 통수권자 → 군정/군령권 위임 → 국방부장관

국방부장관 → 군령권(합참의장)/ 군정권(각 군 참모총장) → 군령권과 군정권이 한 곳으로 집중되어 예상치 못한 독단적 권력 사용을 제한시키고, 각 군 참모총장에게 작전지휘권 못지않게 평소 정병육성(精兵育成) 책임을 부여함으로써 노력을 집중할 수 있게 하였다.

2) **육군** → **1, 3군사령부/2작전사령부, 직할기구 모두 해체**

→ 한국형 작전환경 부합 및 상위 계급 인플레 현상 해소

→ 2작사 지역에 2개 군단 (구 9,11군단) 창설

3) **해, 공군 ->작전사령부 각 1곳 추가 창설(군령권만 가짐)**

→ 향후 해, 공군 증 창설에 대비 및 합참의 합동작전 지휘에 효율성 제고(군정, 군령권 부여)

4) **합참 작전본부 기능 증편**

① 합참작전본부장직에 차장과 동급의 중장을 보임시켜 합동작전이 가능하도록 한다.

② 육, 해, 공군, 대령, 중령급 추가 보직

5) **군단 중심 작전이 가능하도록 지휘구조 조정**

① 인사, 행정권 부여 → 육군본부와 직접 연결

② 군단 군수지원단 창설 → 육군 군수사와 직거래 → 전방사단 근접군수지원체계 구축

③ 각 사단의 신병훈련 기능 군단에 통합

④ 각 일선 군단 책임지역 확대

⑤ 각 군단에 전차, 기동헬기, 특공부대, 정보기능 증 · 창설

⑥ 육, 해, 공 합동작전 및 한미연합작전 기능 보강(공군장교, 필요시 해군 및 미군장교 상주)

→ **추후 각 사단을 가볍고 기동성 있게 재편해서 사단이 공세적인 작전을 할 수 있도록 한다.**

6) 합참 직할 기동군단 창설(기존 1,3군사 직할사단 흡수 등)

7) 해군작전사령부(중장급) 동, 서 분할 통제

8) 공군작전사령부(중장급) 중부, 남부, 분할 통제

→ 해, 공군작전사령부에 군정권 부여는 추후 해, 공군 증강과 시기와 맞물려 돌아가도록 함

9) 국방부장관 직속 인사개혁위원회와 국방개혁위원회 상설 기구화

① 인사개혁위원회, 중령 → 대령, 대령 → 장군 이상 최종 진급심사(각 군 본부에서 2배수 추천)

→ 각 군 본부의 인사 전횡 보완

② 국방개혁위원회, 평소 꾸준한 군 구조 작업/군 출신 위원장, 전문위원 증편

→ 각종 위협, 무기체계 변화, 교리 개발, 연합 및 합동작전 환경 변화 등 자료 수집 및 개편 작업 수행

10) 북한 특수부대 침투 대비 대응전략 강구

① 각 군단 특공여단 추가 창설

② 항공여단 창설

③ 땅굴 탐사 기능 확보

④ 주요직위자 관사 영내로 이전

⑤ 군단사령부 전반적으로 후방으로 이전, 현 군단사령부는 훈련소 및 전방지휘소로 활용

11) 각 군 참모총장,

① 양병 및 질 높은 인사근무와 군수지원 기능 수행으로 장병 사기와 복지 증진에 주력 →정예군 육성

② 후방지역작전 수행(간첩, 무장공비, 용공세력 등)을 위한 육, 해, 공, 경찰, 예비군, 민방위, 주한미군, 행정기관 등과 긴밀한 협조를 통한 대비책을 강구

→ 필자의 구조개편(안)은 육군의 경우는, 각 군사/작전사 해체와 군단 증편, 합참 작전본부 기능 증편에 중점을 두었으며 사단급 이하는 차기 과제로 미루어 두었다. 해, 공군의 경우는, 작전사 추가 창설과 추후 해, 공군 전력 증강을 염두에 두었다.

특히, 비중을 둔 것은 군단장직(중장) 수행만으로도 군 복무에 자긍심을 갖도록 하는데 있다.

→구조 조정에 따른 상부 인력 감축은 대장 3명, 중장 3명, 소장 3명 준장 30여명, 도합 39명이며, 대령 150여 명이 된다. 여기에서 추가 신설되는 직위에 중령 20명 정도, 대령 5명 정도가 추가 소요

된다. 대장 직은 모두 8개 직위에서 5개 직위가 되며, 5개 직위는 육군 3, 해군1, 공군1개 직위로 한다.(육군 : 합참의장, 연합사부사령관, 육군참모총장, 해군/공군 참모총장)

→ 육군의 병력 감축계획이 국방개혁 2.0에 의거 육군병력 61만 8천명에서 → 2020년에 50만명으로 감축되도록 되어 있으나 → 현 수준을 유지하는 것으로 한다. (3개 군사령부와 직할부대 해체에 따른 병력 자연 감소 예상)

사병 복무기간을 현행대로 두고, '학생 교련교육 부활'을 시행하게 되면, 각각 3개월 단축될 수 있다. 한국군 일방적으로 선 군축하는 것은 바람직하지 않으며, 추후 북한군과 군축협상을 통하여 발전시켜 나가도록 해야 한다.

→ 참고로, 북한군이 왜 그 들의 경제 수준을 뛰어 넘는 120만명의 병력 수준을 유지하고 있는가? 를 알아볼 필요가 있다. 재래식 작전과 한국형 지형에 부합되는 작전을 수행하기 위해서 인가? 남한의 병력 숫자 보다 절대 우위를 지녀야만 공세적으로 작전을 할 수 있기 때문인가?

절대 아니다. 그들은 지금 울며 겨자 먹기로 어쩔 수 없어서 남한의 군축협상에도 묵묵부답이고 속으로만 끙끙 앓고 있다.

병력을 줄여도 그들을 어디 다른 곳으로 수용할 곳이 없다. 그대로 사회로 진출시켰다가는 가장 최적의 피 끓는 청춘들이 모두 체제 반동세력으로 돌변해서 어디에서 무슨 짓을 할지 알 수가 없고

통제 자체가 불가능하기 때문이다.

때문에 10~14년 병영 속에 묶어두고 겨우 살아갈 정도로 대우하면서 동물원 짐승 사육하듯 '김 씨 일가 유일사상'만 주입하는 사상적 무장만 강요하고 있다. → 이러한 곳에 단방 약으로의 극약 처방이 바로 심리전 작전이다.

북한이 우리의 확성기 방송을 무서워하는 이유가 바로 여기에 있다.

→ 이로서 한국형 작전환경에 적합한 국군 지휘체계를 완성하게 되며, 차후 사단 급 이하 하부구조를 개편하게 되면 어떤 형태의 북한 남침에도 반드시 승리할 수 있다고 본다.

요약하자면,

북한 김정은 군사집단의 폭정체제를 '긴 호흡으로 주저앉히기' 위해서, 50여 년의 국가안보 외길 인생에 마지막 간청을 소중하게 담아보려고 한다.

최근 유행처럼 번지고 있는 한반도 평화는 허상이고 허구이다.
다만 우리 민족의 간절한 소망일뿐이다.
평화는, 전쟁을 준비한 자에게만 주어지는 금쪽같은 행복이다.

북한의 3대 세습 독재체제의 강력한 무기체계를 그대로 두고 대화와 종잇장으로 평화를 약속했다고 해서 평화가 보장된다는 법칙은 어디서 들어보고 배워본 적이 없다. 수가 틀리면 약속을 손바닥 뒤집듯 하는 북한의 수법을 한두 번 본 게 아닌데 말이다.

그래서 155마일(248km) 휴전선이 평정되고 나면, 이어서 닥칠 중국과의 국경선, 곡선으로 1418km, 직선으로 1280km/러시아와의 국경선(19km)는 어떻게 할 셈인가.

한반도는, 한국은 어쩌면 영원히, 지정학적으로 강력한 적국과 맞닥뜨리면서 살아가야할 운명을 타고 태어났다.

섣부르게 명확한 근거도 없이 표피적으로 나타나는 현상만 바라보고 전쟁이 종식되었느니, 평화가 찾아와 맘 편히 살 수 있느니 하며 가볍디가볍게 국민을 설 다독여서는 안 된다.

국가안보란 정치판의 세몰이처럼 확 달아올라 바람을 타면, 국회의원도 되고 도지사, 시장도 되면서 나아가 대통령까지 되는 아수라장이 아니기 때문이다.

아울러 북한 못지않게 늘 강력한 견제세력으로 다가오는 중국과 러시아를 보다 냉철하게 정리해 볼 필요가 있다. 선린우호국이면서 강력한 적대적 국가라는 것을 평소부터 국민정서에 아로새겨 놓아야 한다. 중국의 속내를 보면, 한국은 중국 영토의 일부이면서 언젠가는 합병되어야할 국가이고, 러시아가 보는 한국은, 해양으로 진출하기 위해서는 언젠가 꼭 밟아야할 국가일 뿐이기 때문이다.

그래서 한국은 늘 굳은 결기가 필요하고, 국민의 맘속에는 상무정신(尙武精神: 무에 중히 여김)이 깃들어 있어야 한다. 평화는 신봉하듯 하면서 전쟁을 준비하지 않는 것은 한국을 서서히 유약하게 만들어 결국은 제대로 힘 한 번 써보질 못하고 무너지는 결과를 맞이하게 될 수 있다. '이스라엘 국민정서'를 그대로 빼 닮아도 모자랄 정도의 긴박한 안보환경을 지니고 있다.

그렇다고 해서 북한을 주저앉히는데 긴 호흡을 한답시고 10년 20년 마냥 시간을 끌어서는 안 된다.

북한이 잘못을 저지른 만큼 국제사회의 제재는 당연히 따라야하고 한국은 국제사회 질서에 동참해야 한다.

한국은 스스로 자구책을 강구해서 북한으로 하여금 한국을 피난처로 여겨 살짝 기대기도 하고, 심지어는 안식처로 생각하여 돈 들어가는 일들을 슬쩍 떠넘겨 무임승차하는 틈을 주지 말아야 한다. 한국쯤은 언제든지 맘대로 조종할 수 있다는 자신감, 느슨하면 포탄 몇 발이면 해결되는 아주 손쉬운 상대, 전쟁이 무서워 어찌할 바를 모르는 겁쟁이들 그래서 손바닥 위의 공깃돌처럼 맘대로 가지고 놀 수 있는 가벼운 상대로 여기는 그야말로 조폭과 악성 사채업자 심리를 그대로 놔두어서는 아무것도 할 수 없다. 한국이 당사자인 만큼 한국이 당차게 나서는 모습을 국제사회에 보여 주어야 한다.

다시 말해서 '전쟁을 하겠다면 그래 한판 붙어보자'는 결기가 충만 되어 있어야 한다는 뜻이다. 이것이 부전승(不戰勝)으로 가는 첨단의 행보이기에 필자는 구구한 설명을 덧붙이고 있다.

▲ 한 · 미 · 일 공조로 3국 연합훈련 횟수를 더 많이 더 다양하게 전개하고 **'한 · 미 · 일 동맹관계'**로 발전시켜서 남방 삼각관계를 유지시킨다면 그 어떤 악기류의 국제관계의 흐름도 막아낼 수 있다.

▲ 수도이전은 우리 국민이 세계 1등 시민으로 성장 발전하는 한 차원 높은 **'신의 한 수'** 이다. 따라서 이를 수행하기 위해서는 파격적이고 원숙한 의식 세계인 **'사고의 기동성(機動性)'**이 요구된다. 수도를 서울에서 대구로 이전시켜 놓으면 우리 국민은 평온하게 평상심을 유지할 수 있다. 서울은 군부대가 전혀 존재하지 않는 명품 스마트씨티로 만들어 지게 되고, 더 이상 북한의 불바다 대상이 되지 않을 뿐만 아니라, 북한은 현재의 군사전략(속도전, 기습전, 배합전, 총력전, 사이버전)을 전면 수정해야함은 물론 무기체계까지 모두 바꾸어야만 하는 엄청난 부담을 갖게 된다. 그 비용은 실로 50조 100조를 상회할 수 있고, 이를 준비하다가 그냥 폴썩 주저앉을 수 있는 **'기적 같은 일'**이 벌어지게 된다.

▲ 국가비상기획위원회를 부활시키면 국민이 스스로 알아서 찾아야하는 전쟁준비와 행동요령을 모두 알아서 챙겨주기 때문에 생업에 열중할 수 있고 북한의 어설픈 한국사회 분열 책동을 막을 수 있다.

▲ 학생교련교육을 부활시키면 과거 군사정권으로 되돌아가느냐며 볼멘소리를 할 수도 있고, 우리 사회의 유연성을 제한 한다. 정권의 나팔수 노릇을 하려 한다.는 등의 얘기가 나올 수 있다.

무엇을 얻고 무엇을 놓치느냐 하는 것은, 엄혹한 안보환경에 둘러싸여 있는 현실을 냉정하게 바라보면 비로소 바로 볼 수 있다. 이 프로젝트 하나로 정권을 엄호한다든지 과거로 회기 하는 그런 불투명한 시대는 이미 지났다고 본다.

자연스럽게 군 복무도 단축시킬 수 있고, 걷잡을 수 없는 청소년 유해환경을 자연스레 정화시킬 수 있는 일석삼조의 결과물을 창출할 수 있을 뿐만 아니라, 분명한 것은 김정은이 한국 내에 좌경 용공세력 뿌리를 심으려는 불순한 생각 자체를 근절시킬 수 있다.

▲ 전시작전통제권 환수 유보는 국민에게 많이 잘못 알려져 있는 것이 있다. 좌파 대통령이 나오면 전매특허처럼 공약으로 내세워 무슨 구국의 사도인양 행동하고 있어서 국민이 보기에 무슨 엄청난 걸림돌이 한 · 미간에 엉켜 있는 것으로 착각을 하게 만들고 있기 때문이다.

좀 더 솔직하게 표현하자면, 대통령이 국군통수권자이긴 하지만 전시작전통제권에 대해서 아예 무관심하게 지내도 아무런 문제가 없다. 100% 군사작전 지휘에 관한 용어이기 때문이다.

2011년 5월2일 '오사마 빈 라덴 제거작전'이 파키스탄 현지에서 전개되었다. 이때 미국 전쟁지도본부 상황실의 전경이 보도된 것이 있다. 당시 미국 오바마 대통령이 의자에 앉지도 않고 미 합참의장 옆에 쪼그려 앉아서 작전지도 장면을 물끄러미 바라보는 모습이 있었다. **이것이 Fact(실상/실제) 이다.** 막상 전쟁이 발발하면 대통령이 할 일이 별로 없다. 그런데도 불구하고 한국의 대통령은 천하를 호령할 것처럼 행동하고 있다.

전시작전통제권을 더 이상 통치수단의 도구로 활용하지 말고 군대에 맡겨야만 국민이 편안할 수 있다.

▲ 국방개혁의 핵심이 구현되면, 군대 내 상위 계급의 인플레를 막을 수 있고, 과도한 승진의 길목에서 잠시 쉬어갈 수 있는 쉼터 역할을 할 수 있을 뿐만 아니라 한국적 안보환경(지형과 지세, 북한 및 주변국 군사전략)에 걸맞은 기동화 되고 가벼운 군대로 만들어져 '싸우면 반드시 이길 수 있다.'

위 여섯 가지 만이라도 국민적인 공감대가 형성된다면 북한 김정은 군사집단은 그냥 힘없이 풀썩 주저앉게 할 수 있다.

싸우지 않고 이길 수 있는(不戰勝) 이 길을 외면하면, 사소한 이해관계로 갈등을 빚으면, 우리는 김정은의 손아귀에서 쉽게 빠져나올 수 없는 안보구조 틀 속에 갇히게 된다.

왜나하면, 북한에는 자유민주주의 신봉자가 전혀 없고, 한국에는 김정은 주의 신봉자가 아주 늘려 있기 때문이다.

맺음말

- 북한은 변한 게 아무것도 없는데,
- 변할 맘조차 없는데,

▶ 한국의 한 쪽은 왜, 자꾸만

부화뇌동(附和雷同)하려 하는가?

⇓

「4.27 판문점 선언으로, 전쟁 공포에서 완전히 벗어나 국민 삶에 평화가 일상화 됐다. 하고」

맺 음 말

미국 대통령은, 북한을 이탈한 우리 동포를 백악관으로 초청해서 친근하게 무릎을 맞대고 심각한 표정으로 경청하면서 위로하고 그 대안을 국정에 반영하고 있는데, 한국의 대통령은, 무관심하고, 거리를 두면서, 기사화 되는 것을 꺼리고, 어렵사리 마련된 '북한 인권재단'까지 해산해 버렸다. 무엇엔가 좇기는 느낌을 주면서 정책적 대안 수립에 관심이 없다.

미국 대통령은, 북한의 대량살상무기(핵, 미사일, 화생무기)를 국정 최대 이슈로 선정해서 제재와 압박의 강도를 더 높이며 해결의 실마리를 찾기 위해 동분서주하고 있는데, 한국의 대통령은, 한국 내 자구책은 손도 못 데고 대화와 타협으로 중매쟁이 역할을 하려고 한다.

미국 대통령은 돈이 들어간다며 한미연합훈련을 유예시키고, 주한미군까지 철수를 고려한다고 했다. 한국 대통령은 "뜨거운 마음으로 축하하며 환영 한다" 하고, 한미동맹이란 원론만 거론하면서 미국이 하자는 데로 바라보고 있다. 더 나아가 한국군 단독 각 군 합동훈련과 을지훈련까지 취소하면서 김정은 심기를 건드리지 않는데 최선을 다하고 있다.

북한 김정은은 UN과 미국의 고강도 압박에서 살아남기 위해 국제무대에 얼굴을 내밀고 있지만, 단언컨대 그는 체제유지를 위해 개발한 핵과 미사일을 결단코 포기하지 않는다. 북한 인권 개선을 위한 정치범 수용소 역시 결코 문을 열지 않는다. 북한 경제를 성장 발전시키기 위해서 광범위한 개혁 · 개방을 절대 시도하지 않는다.

그는 국제사회가 핵 폐기(미사일, 화생무기 포함)와 인권개선 그리고 개혁 · 개방을 줄기차게 요구하고 있지만, 시도하는 순간 선대로부터 이어 받은 체제유지의 기축이 흔들린다는 생각을 하고 있기 때문에 서방의 물결을 받아드릴 준비가 아직은 시기상조라 수긍하면서, 점진적 순차적으로 국제사회 요구에 응답하겠다는 대안을 제시고 있다.

이에 대한 미국의 답변은 분명하다. 허튼 수작 부리지 말라. 너희에게 속아온 세월이 25년이다. 더 이상 말미를 줄 수 없고 CVID 나아가 PVID 최근에는 FFVD를 요구하면서 체제보장과 경제발전으로 보답해 주겠다고 한다. 이제 김정은은 달리는 말에 올라타고 말았다.(Complete/Permanent Verifiable Irreversible Dismantlement 완전하고/영구적이고 검정 가능하며 다시는 되돌릴 수 없는 대량살상무기 폐기 Final. Fully Verified Denuclearization: 최종적이고 완전하게 검증된 핵 폐기)

그러나 6.12 미 · 북 정상회담 이후 분위기가 확 달라지고 있다. 김정은이 시진핑을 두서너 번 만난 이후부터 미국 요구에 대한 강도가 희석되고 있다. 점진적 시차를 두고 합의를 이행하면서 비핵화와 거리가 먼 것부터(유해 송환, 미사일 발사기지 폐쇄 등) 행동에 옮기고 있다.

사면초가에 빠진 김정은은 한국이 나서서 외로움과 괴로움을 달래주기를 바라고 있다. 중국이 나서서 여차해서 말에서 떨어질 때 손잡아 주는 것을 약속 받아 두었다. 러시아에게도 가능하면 달리는 말에서 떨어지지 않도록 속도 조절을 해 주는 약속을 받았다.

나름대로 주변국으로부터 탄탄한 보험을 들어서 일단 자신감에 차 있는 상태이다.

김정은의 원대한 꿈과 궁극적인 목표는, 한반도에 **'김 씨 왕조를 건설'**하는 것이다. 그러기 위해 온갖 고난을 극복하면서 대량살상무기를 완성시켜 놓았는데 그만 UN과 미국에게 걸려들고 말았다. 과거 북한이 즐겨 썼던 벼랑 끝 전술을 오히려 미국이 사용함으로써 외교술에 기선도 제압당하고 있다.

이제 사용할 수 있는 전술은 '읍소전술, 비위 맞춤전술' 밖에 없다. 그래서 많이 아픈 표정을 자주 짓고, 미국 대통령이 좋아하는 치켜세움과 선거 전략에 도움이 될 수 있도록 가급적 진실 되고 솔직한 모습으로 가시적인 실물을 던 질 준비를 하고 있다.

실질적이고 궁극적인 행동은, 북한이 보유하고 있는 것으로 추정되는 60여 기의 핵무기, 700kg의 고농축 우라늄, 50kg의 플루토늄을 미국 '원폭의 고향'으로도 불리고 세계 최초로 원자폭탄을 만든 곳이며, 미국 핵 연구의 중심지인 '테네시 주 오크리지'로 이송하는 것이다.

이후 지금까지의 모든 제재 조치를 풀고, 나아가 대규모 경제지원을 받으면서 미국과 수교하여 정상국가로써 등단하는 것이다. 그 다음 협상과 대화의 진전에 따라 북한 ICBM 까지 이송하고 나아가 화생무기까지 처리하면 대량살상무기는 해결되는 셈이 된다. 물론 이 과정에 IAEA의 사찰과 검증은 필수적으로 따라야만 한다.

그러나 가시적으로, 핵 실험장 파괴, 미시일 발사 실험장 파괴, 유해 송환 등 미국이 섭섭해 하지 않을 정도의 행동 반응으로 일단 환심을 사서 대화의 연결고리를 만들어 둠으로써 전략적 환승역에서 잠시 멈춰서 있다.

이제 북한은 잠시 호흡을 가다듬고 이후 단계적으로 후속 조치를 단행할 것이 있다.

잘 살기 위한 개혁 · 개방 정책을 펼치면서 북한 전지역을 '지구화 단위'로 특화 있게 묶어서 급작스런 변화에 따를 부작용을 해소하고, 국가 시스템을 중국식 또는 베트남 식, 싱가포르 식으로 변형을 시키면서 '정치범 수용소, 교화소 등' 인권유린 시설을 줄여 나가는 개혁을 시도해야만 한다.

이 멀고도 험한 경로를 젊은 지도자는 해 낼 것으로 예상되지만, 지성과 감성 현실이 맞물려 돌아갈 때 받게 되는 스트레스를 어떻게 극복하느냐가 최대 관건이다.

"모든 문제를 풀기 전에 늘 염두에 두어야 하는 것은 한반도에서 인류 최대의 비극인 전쟁이 결코 일어나서는 안 된다. 하는 대 전제를 깔고 행동에 들어가야 한다."

"애당초 북한이 미국을 상대로 핵무기와 미사일로 급박한 것 자체가 무리수를 둔 것이고, 중국 역시 군사대국화의 노선을 치켜세우면서 항공모함을 건조하고, 우주로의 전략, 미사일, 스텔스기 성능 개선, 남중국해 인공 섬 군사화 추진(스프래틀리 제도〈난사군도〉에 여의도 4배 크기, 암초에 콘크리트 타설 후 2,400여 명 주둔, 폭격기 이착륙) 미국의 태평양 전략에 제동 등 군사굴기를 단행하고 있지만 이 역시 무리수를 두고 있는 것이다.

단적으로 표현하자면 이들은 아직 미국에게 게임의 대상, 즉 적수가 되질 못하는 수준 들이다.

본서 제3부에 서술한대로 북한은 미국의 선제타격과 예방타격으로 손 한 번 써 보질 못하고 참패를 하였고, 중국 역시 항공모함 몇 척을 건조하는 것은 아세아 국가에게는 위협이 될 수 있으나, 미국에게는 종잇장에 불과하다. 항공모함은 정박할 위치가 극히 제한적으로써 모든 것이 노출되어 있고, 인공 섬 역시 분란만 조성할 뿐 역할은 미미할 것이다.

미국은 과거 서태평양에서 인공 섬을 Take down (임시로 설치된 무언가를 완전히 제거 한다.)시킨 경험이 있고, 2차 세계대전 당시에는 '이오지마, 오키나와, 타라 섬'의 일본군을 초토화 시킨 역사가 있다. 따라서 중국의 안하무인의 무례한 군사적 굴기가 반복되고 미국 동맹국에 위협이 될 시에는 단행될 수도 있다."

– 최악의 군사적 충돌을 피하고 긴 호흡으로 북한 김정은 군사집단의 regime change(체제 교체)를 구상하고 있다. –

북한 김정은이 생명줄처럼 여기는 대량살상무기를 미국이 원하는 FFVD로 이행할 것으로 믿는 사람이 있다면, 그들의 대부분은 북한 체제유지에 관심이 있는 이상주의자들 일 수 있다.

그저 그 역시 긴 호흡으로 시늉만하면서 일단 소낙비만 피해보고, 잔잔한 것만 행동으로 옮기면서(핵 시설 파괴, 미사일 발사기지 파괴 등) 미국과 대화를 이어가려고 한다.

미국 역시 큰 소리는 쳐서 김정은을 일단 말 잔등에 태우기는 했으나 뾰족한 실마리를 찾기가 그리 호락호락하진 않다.

그들의 개인적인 정치적 행사를 위해 서로 이용할 수 있는데 까지 최대한 말고삐를 당기는 희한한 촌극이 버러지고 있는 모습이다.

그 실상이 드디어 나타났다.

2018년 6월 12일 10시 Singapore Summit Meeting – 트럼프 김정은의 희대(稀代)의 담판, 베일 속의 폭군과 무대 위의 폭군 간의 쇼는 김정은의 판정승으로 일단락이 났다.

게임의 결과는 충분히 예측 가능했다.

김정은은 이미 영구 집권체제가 구축되어 있는 상태이고, 트럼프는 2년 뒤 국민의 심판을 받아야 하는 막다른 골목에 서 있기에 게임에 여유가 없다.

따라서 김정은이 얼마든지 가지고 놀 수 있는 만만한 상대였고 북한 국가전략기획 천재들은 그것을 간파하고 밀어붙였다.

공동성명 내용만 보면 알 수 있다.

① 새로운 미 · 북 관계 수립

② 한반도 평화 체제 구축 노력

③ 판문점 선언대로 한반도 완전한 비핵화 노력

④ 6.25 전사자 유해 수습 및 송환

또 다른 합의가 있다고 한다.

그 역시 빤하다. 트럼프는 별도의 시간을 가지고 다음과 같은 얘기를 했다.

① 값 비싼 전쟁 게임을 중단 하고자 한다.(북핵 협상 기간 동안에는 모든 한미 연합훈련을 중단 한다.)
② 언젠가 주한 미군은 미국으로 돌아오길 원한다.(여러 번 주한 미군 철수 거론)
③ 비핵화는 20%만 하여도 불가역적이고 단계적(2년 반)으로 한다.
④ 북한은 더 이상 우리에게 크고 위험한 문제가 아니다. 발 뻗고 주무시기를 바란다.

김정은에 대한 트럼프의 찬사는 하늘을 찌를 듯 칭송에 칭송을 거듭하고 있다.

① I do trust Him(나는 그를 믿는다.)
② 훌륭한 인격을 갖추고 있고, 그 나이 (34세)에 그 정도로 할 수 있는 사람은 수만 명 중 하나이다.

③ 김정은은 좋은 자질을 가졌고, 재미있고, 매우 똑똑하며 뛰어난 협상가라고 했다.
④ 김정은은 주민을 사랑한다고도 했다.

이런 것은 정상회담도, 협상도, 담판도 아닌 요식행위요 밀실야합의 느낌이 난다.
마치 김정은의 보호자 또는 후견인 같은 냄새가 풍긴다.

Axis of evil(악의 축)로 지정할 때는 언제이고 적장을 흠모하고, 적장의 강력한 후견인(중국)의 주장을 배려하는 것은(쌍 중단 : 북핵 폐기/연합훈련 중단), 미국(트럼프)의 초심이 흔들리는 것으로써 자유 민주 세계가 기대했든 것을 송두리째 앗아버리는 못쓸 회담이 되고 말았다.

– 강력한 제재와 압박 그리고 선 핵 폐기, 후 체제보장은 어디로 가고, 자꾸 김정은에게 매달리는, 체통 없는, 미국답지 않은 여린 모습에 전 세계는 개탄을 금치 못하고 있다. –

그럼에도 불구하고 좀 더 긍정적으로 평가해 보려고 한다.
단기적으로는 실망이지만 중장기적으로 보면, 고삐(제재)는 계속 당기고 있으니 비핵화 전망(비핵화에 서명)은 여전히 보인다는 점으로 위안을 삼을 수밖에 없다.

바라건대 한미동맹을 사업가의 이익동맹으로 몰아가지 말았으면 한다. 한미동맹에는 숭고한 혈맹 지 관계(血盟 之 關係) 연결되어 있다.

이제 겨우 선진국 문턱을 넘나보며 한국이 가지고 있는 것, 그 이상으로 미국에게 최선을 다하고 있는데(무기 구매와 유지비용, 미군 주둔비용), 한국을 미국이 거래하고 있는 이익집단의 혈전장에 끌어들여 쿡쿡 찔러보는 것은 더 이상 동맹국의 지도자 자격을 갖기 어렵다.

타국에 주둔하고 있는 군대가 그 국가 군대와 연합훈련을 하지 않고 그냥 지도상 훈련이나 컴퓨터상 훈련 즉 War Game만 한다면, 바로 이런 군대를 두고 물 군대라고 일컫는다.

전략자산을 정기적으로 전개하지 않으면, 그 고가 고도의 장비 역시 고철이나 다름없다. 때문에 이것은 거래와 흥정의 대상이 아니고 국제법적으로도 정당한 권리요 의무에 해당 한다.

미군 폭격기 1대가 한반도로 출격하는데 들어가는 비용이 7억에서 14억이 들어간다고 한다. 미국 국방예산이 약 6811억 달러(약 753조원)인데 비하면 아주 작은 비용에 해당된다.

이 정도 투자로써 미국 국가전략이 세계 질서를 유지할 수 있다면 백번이라도 투자를 해야만 한다.

주한미군 철수 문제는 미국의 국제질서 유지 전략에 최상급에 해당하는 문제이다. 트럼프의 립 서비스 차원으로 오갈 문제가 아니다. 동북아 내지는 태평양전략 전체에 영향을 미치는 사안으로써 고도의 국가전략 수준으로 접근해야지 무슨 넋두리 하듯이 내 뱉고는 공개 석상에서는 거두어 드리며 알아서 하란 투로 발언하는 것은 관련 국가에게 대한 예의가 아니다. 중국과 북한은 파안대소하며 미국 대통령의 가벼움에 찬사를 보낼 것이다.

한국에서 손을 떼면, 당장 비용은 절감될지는 몰라도 향후 일본에 추가로 투자해야하는 비용이 한국에 투자되는 비용을 훨씬 상회할 수 있다는 것을 잊지 말아야 한다. 일본 국민의 반미 정서는 여기 한국을 능가한다는 것을 염두에 두고 섣부른 말 폭탄을 쏟아 붓지 말았으면 한다.

한반도 문제란 것이 상대가 뼈아파하며 울상을 짓는다고 해서 무슨 수호천사처럼 시혜를 부여하듯 따뜻한 미소로 답할 그런 평범한 종목과 대상이 아니란 것을 분명히 할 필요가 있다.

다만 지구상 가장 엄혹한 안보환경을 지닌 한반도에서 한국 정치 지도자가 바뀔 때 마다 대북정책에 급격한 정체성의 혼란이 벌어지는 것은 미국 입장에서 볼 때, 받아들이기에 무척 곤혹스럽겠다는 생각을 금할 수 없다.

한국 국내 민주화의 다양한 변화는 계속 이어가되 북한을 대상으로 하는 국가안보관은 여와 야가 없었으면 한다. 네가 옳다. 내가 옳다. 하지 말고 미국의 대북정책과 일치시키면 된다. 이것은 국가안보관의 주체성, 군사주권과 별개의 문제다. 왜냐하면 한국에 3

만에 가까운 미국 군대가 주둔하고 있고, 이 순간에도 24시간 대북 정보교류며, 군사훈련, 한국방어계획을 공동으로 발전시키고 있기 때문이다.

지금까지 미 · 북 관계의 흐름이 FFVD 실현을 위한 고육지책이고, 훗날 평가해 보니 미국 최상급의 위장 외교술이었고, 트럼프의 상술(商術)이었다는 것으로 밝혀지기를 희망한다.

한반도에 항구적인 평화와 통일 한국을 위해서는 북한을 바로알고 그에 걸맞은 대북정책을 펼쳐야만 한다.

툭하면 전쟁, 전쟁하면서 본류를 비껴가려고만 하면 답이 보이질 않고 북한 인민은 안중에도 없이 자꾸만 '최 악성 두목 집단'만 껴안으며 따뜻한 햇볕 쪼여 주는 길만 바라보게 된다.

전쟁이란, 반드시 승리할 수 있어야 하고 승리를 하되 전쟁에 소요된 전쟁 경비를 충당 가능하다고 확신할 때만 전쟁을 일으키게 되어 있다. 어설프게 겁먹지 말고, 두려워만 하지 말고, 평소에 전쟁 준비만 잘 해 두면 북한 정도는 극복할 수가 있다. 이따금 국지적 도발로 우리에게 피해를 주는 것은 '개가 왈왈 짖으며 잔뜩 겁먹고 있다가 슬쩍 다가와서 지나가는 사람 발뒤꿈치 무는 것과 같은 현상'으로 보면 된다.

이때 더 강한 응징보복으로 맞서면 같은 일이 반복되질 않는다. 늘 소 잃고 외양간 고치다 보니 한국을 우습게 보는 북한의 소행이 반복된 것이다.

'대화와 타협 또는 협상' 이 얼마나 좋은 용어인가.

그럼에도 불구하고 진즉 한국의 집권세력은 야당 또는 반대세력을 타협으로 이끌지 못하고 있지 않은가. 그런데 북한과는 소통이 잘되고 있다? 그것은 김정은이 한국 대통령을 탐하지 않고 비판하지 않으며, 한국 대통령 역시 김정은을 권좌에서 내려오게 할 의도가 없으며 오히려 도발과 겁박만 하지 말아 달라는 간절한 간청의 요구를 하고 있기 때문에 김정은의 입장에서 남조선 다루는 것은 식은 죽 먹기 정도이다. 아주 단순한 바람을 갖는 한국 대통령이 그냥 예뻐 보이기 짝이 없다. 따라서 절친한 친구가 될 수 있고 '대화와 타협'이 잘 이루어지고 있는 것이다.

시쳇말로(경상도 말로) 우스개처럼 한 문장으로 정리 하자면,

– 서로 '죽'이 맞고 '통박'이 잘 통하는 '아삼륙'인 기라 –
(서로 뜻이 맞고, 마음 절박함이 통하는 꼭 맞는 짝이다.)

이렇게 해서는 옳은 길로 가는 것이 아니다.

한국은 한반도에서 유일한 합법적인 정부이고, 북한은 특수한 집단이다. 국방부에서는 장병들에게 북한을 주적으로 분류해서 모든 군사교리를 발전시키고 또한 훈련을 하고 있다.

북한 김정은 군사집단을 Regime change(체재 변경)하기 위해서는,

한 · 미 · 일 군사동맹으로의 발전과 연합훈련을 강화하는 것으로 그 출발점을 찾아야 한다.

대화와 타협은 그 다음 문제이고 숨 쉴 틈 없이 무자비하게 고삐를 당겨도 될지 말지 하다.

북한 김정은의 '악어의 눈물'은 이미 본 것이고 오직 체재유지에만 혈안이 되어 있는 것을 다 알게 되었다.

한국 정부는 어디까지나 당사자임을 잊지 말아야 한다.

말로만 돈독한 한미동맹을 외치고, 북한과는 대화만 목말라 하면서 아무른 선도적인 당당한 자구책은 강구하지 않는 어정쩡한 모습은 이미 전 세계에 노출되어 있다.

보다 강력한 한국적 이니셔티브를 보여 주어야만 한다.

필자가 제시하고 있는 여섯 가지의 제안을 중대한 국정 수행과제로 선정해서 추진한다면 우리는 '싸우지 않고 이길 수 있다.'

① 한 · 미 · 일 군사동맹으로의 발전과 3국 연합훈련/전략자산 전개 횟수를 다수 다양하게 전개한다.

② 수도를 '서울 → 대구'로 이전한다.

③ 국가비상기획위원회를 부활시킨다.

④ 학생 교련교육을 부활시킨다.

⑤ 한미동맹 강화와 전시 작전통제권 환수를 유보한다.

⑥ 국방개혁의 핵심을 구현하자.

이것은 필자의 오랜 국가안보 분야 근무 경험과 전쟁사를 연구하면서 터득한 지혜로써 자신 있게 제안하는 것이며 특별히 방점을 두는 것은, 국민에게는 극히 최소한의 부담을 안기면서 비용 대 효과 면에서 절대적으로 우위를 점한다는 장점이 있다.

수구 골통 보수주의자의 발칙한 발상이 아니냐고 덤빌 상대가 있다는 것을 알고 있다.

평화가 도래하고 있는데, 전쟁이 안녕을 고하고 있는 이 시점에 왜 찬물을 끼얹느냐고 항변을 하는 소리가 귓가에 쟁쟁하다. 참고로 **필자의 정체성은 '발전적 보수주의자**(Developmental Conservative)'이다. 즉 국민 생활은 발전적인 변화를 추구하고, 국가안보는 안정적인 변화를 추구를 한다는 대원칙이 있다.(정치학 용어에는 없음)

넋두리처럼 외치고 싶다.

이봐 겁쟁이들! 너희가 전쟁을 알고 있느냐. 너희가 공산주의의 '평화공존전술'을 알고 있느냐. 북한의 통일전선전술을 알기나 하느냐. 평화를 바란다고 그 과정의 모든 것은 생략되어도 되느냐. 아무것도 모르면서 당장 곶감이 입에 달다고 쏙 빼 먹을 궁리만하고 있다가는 이 '전쟁이란 녀석'은 고요와 침묵, 잔잔한 미풍과 함께 살랑살랑 불어오다가 희희낙하는 그 어느 와중에 삽시간 밀어닥친다는 것은 이미 세계사적으로 증명이 되어 있다. 멀리 갈 것도 없이 과거 한국전쟁 전조 현상이 지금 시대상황과 비슷하였다.

몇 가지 개연성을 점칠만한 예를 들어 보면, 북한은 대량살상무기(핵, 미사일, 화생무기)를 제외하고도 재래식 무기(대포, 전차 항공기 함정 소화기 등)마저 단 한 자루도 줄이지 않고 있으며, 병력 또한 단 1명도 줄이지 않고, 사병 복무기간은 오히려 7년에서 14년으로 늘리고 있다. 또한 특수부대를 10만에서 20만 명으로 증편 하는 등 한국 지형에 적합한 전술교리를 개발하여 맹훈련을 하고 있다.

북한을 이탈한 주민이 한국에 3만 여, 중국, 미국 구라파 등지에 20 여만 명이 유랑 생활을 하고 있다.

이들 중 누구라도 붙잡고 북한이 변하고 있느냐, 한국을 칠 준비를 전혀 하지 않고 있느냐, 물어보면 답이 나온다.

북한의 '국가전략 목표'인 남조선을 적화통일 하겠다는 '남조선 혁명전술'을 그대로 둔 채, UN과 미국의 제재와 압박에 못 견뎌서 만면에 미소를 머금고 잠시 세상에 얼굴을 내미는 모습에 홀딱 빠진다는 것은 그동안 한국 사회가 북한 실상에 대한 안보교육이 얼마나 느슨해졌는지를 여실히 증명하고 있다.

한국 지도자를 포함한 많은 국민이 김정은, 이설주, 김여정, 현송월의 아우라에 포로가 되어 이들이 한국 내 인기순위 상위에 자리 잡고 있다며 지도자가 나서서 치켜세우는 그런 나라가 되어 있다.

북한은 변하지 않고 그대로인데, 한국사회만 변하고 있다.

만약 전쟁이 발발하게 된다면, 이런 부류가 주류를 이루는 국가는 현존 경제력이나 군사력의 우위에 관계없이 무조건 패하게 되어 있다. 오늘날의 전쟁은 총력전(정치, 경제, 사회, 문화, 군사, 과학기술, 국민 정서를 망라)의 형태를 띠고 있기 때문이다.

한반도 상공에 드리워 있는 한바탕의 신기루를 보고, 현실적으로 손에 잡히는 것은 아무것도 없는데 이것을 평화로 몰고 가고 있는 겁 없이 대담한 집단들, 이들의 담대할 만큼 낯 두꺼운 모습을 그냥 그대로 더 이상 방치할 수 없는 급변하는 시대사조에 대해 일부 비판도 하였다.

이를테면, 김정은과 이설주, 김여정, 현송월의 환한 모습을 바라보고 저들이 설마 서울을 불바다로 만들겠느냐. 이들의 차분한 음성 한마디가 TV에 나올 때 마다 연평도 포격도, 천안함 폭침도, KAL기 공중폭파 등 끔찍한 사건들을 모두 잊어버리고 민심의 흐름이 줄줄 녹아내려 세는 모습이 그냥 눈에 보이는데 이를 비판이라도 하게 되면, 모처럼 조성되어가는 화해분위기를 깨트린다며 난리를 치고 있다. 이런 분위기를 말한다.

겸사해서 최근 벌어지고 있는 사례를 보면 기가 막힌다.

미국 트럼프 대통령과 그 참모들은 북한 비핵화를 위해 나름 많은 노력을 하고 있다. 한미 안보정책 분야에서 평소 꾸준히 해 오던 사업마저 김정은의 위신을 살려 주기 위해 줄줄이 유예 조치를 하며 화해의 손길을 내밀고 있는데 북한은 모르쇠로 일관하며 그들의 핵정책과 군사정책은 그냥 밀고 나가고 있다.

① 평북 철산군 동창리 미사일 엔진 시험장을 계속 정상 가동하고 있고,

② 함남 신포에서 SLBM용 잠수함을 새로 건조하고 있는 정황이 포착되었으며

③ SLBM 3발을 실을 수 있는 신형 잠수함 건조모습이 포착되었다.

④ 영변 핵 시설을 계속 가동하면서 플루토늄과 농축 우라늄 등 핵 물질을 계속 생산하는 정황도 들어 났다.

⑤ 예년 수준과 비슷한 수준의 하계 군사훈련도 정상적으로 실시 하고 있다.

⑥ 대남 난수방송(간첩에 지령)도 매일 2시간씩 하고 있다

⑦ 평양 만경대지구 강선에 영변 핵 시설 보다 2배 이상의 우라늄을 생산 하고 있다.

이에 비해 한국은, 8월에 예정된 한미 연합훈련, 을지 프리덤가디언(UFG) 연습에 이어 두 차례 실시하려던 한미 해병대 연합훈련(KMEP)까지 연기 했으며, 대북 확성기 방송도 중단 하였다. 이 뿐만 아니라 한국군 내 자체 합동훈련도 취소했으며, 이미 계획된 주요 군사시설공사 등 군내 사업들이 줄줄이 취소되고 있다.

어쩌자고 이런 무모하리만큼 위험한 선제 조치를 취했는지 도무지 이해를 할 수 없다.

어쨌든

아무리 그렇더라도 "우리 군대는 손을 되지 말자."

순박할 만큼 우직하고 충성 일변도의 집단이 본래의 것, 당연히 해야 하는 일을 하려는데, 북한 심기를 건드릴까 우려해서 자체훈련, 전술공사, 이미 확정된 전력 증강계획 이행 등을 못하게 하는 것, 이것은 보통 문제가 아니다. 군사력의 위축은 물론이고 국민의 안위를 걱정해야하는 수준에 이른다. 국가 외교적으로는 무슨 일

을 하드라도 군대 는 맡은바 소임을 변함없이 묵묵히 수행하는 그런 군대를 국민은 원하고 있다.

국방수뇌부(장관, 4성 장군) 그대들은 지금 양떼 몰이를 하고 있는 것이 아니다. 국민의 군대, 정병(精兵)을 육성하고 있는 것이다. 언제 적부터 예산 걱정하고 효율을 따졌나. 국방은 어차피 비효율적이며 소모성을 내포하고 있는 집단이란 것을 세상이 다 알고 있는 것인데 이미 계획된 군사력건설 사업을 누구 좋으라고 연기(취소) 하는지 묻지 않을 수 없다. 지금까지 건군 70년이 다 되어 갈 동안, 군사력 건설을 하다가 상대의 무기체계가 바뀌고 군사전략이 바뀜으로써 투사된 많은 예산이 물거품된 것이 비일비재해도 책임추궁을 당하지 않은 것은 국방사업만이 가지고 있는 고유한 특성 때문이다. 이미 계획된 것은 눈치 볼 것 없이 밀고 나가야만 그나마 허약해 보이는 조직이 살아남을 수 있다. 그리고 북한 장사정포를 뒤로 20~40km 물린다고 서울 불바다 론이 해소가 되는가. 여기에 맞추어 한국군 화력을 뒤로 물릴 수가 있는가. 지방 자치단체장들의 요구에 해안선 철조망은 거의 다 철거하였고, 기존의 군사시설 제한 구역까지도 풀라고 야단인데...

상호 검증도 할 수 없고 효과도 없는 행위인데 말이다.

(UN 감시검증단도 동원되어야 하고, bean-count〈낱알 세듯 정밀한 검증을 해야 함〉도 해야 한다.)

이 모든 것을 재충전의 기회로 삼아, 태생적으로 끝없이 열악하고 엄혹한 안보환경에 놓인 우리의 질곡을, 우리 스스로 극복해 보자는 필자의 작은 소망을 담아 **'북한 핵 이렇게 해결할 수 있다'**를 출간하게 되었다.

감히 과분하게 비유하자면, 고려에서 조선 새 왕조를 설계한 개국공신 **'정도전의 심정'**으로 굵직한 아젠다(agenda : 의제. 안건)를 제시해 본 것이다.

그동안 집필하는데 많은 도움을 주신 선 후배 제현들에게 깊은 감사의 뜻을 표합니다.

2018. 8

“‘북한이란 존재에게 평상심으로 상대해서 해결 될 수 있는 것은 아무것도 없다.’

이것은 지난 70여 년의 세월 속에서 체득한 소중한 산 경험이기 때문이다. 혹자들은 지금 북한은 변하고 있고, 변화를 원하고 있다며 과거와 달라진 북한을 강조하고 있다. 그것은 과거에 경험하지 못한 강력한 제재가 있기에 살아남으려는 꿈틀거림인 것이고 중국의 확실하고 든든한 배경은 여전하며, 굳이 있다면, 김정은 식으로의 공고한 체제 변화만 있을 뿐이지 북한은 전혀 변한 것이 없다.”

“ **전시작전통제권**이란, 전쟁이 발발 했을 때, 획득된 정보를 바탕으로 전투력(부대, 병력+화력)을 할당하고, 할당된 전투력을 전개(싸워서 이길 수 있도록)하여 전략적으로 운영할 수 있는 권한을 말한다. 100% 군사전략(싸워서 이기는 기술)에 관한 것이다. 즉 국방부장관과 합참의장의 고유 업무 영역으로써 그 누구도 감놔라 배놔라 할 정도로 쉬운 영역이 아니다.

‘국방개혁’이란 정말 어려운 과제이다.
차고 넘치는 자신감이 있어도 ‘상대의 병력과 화력 수준’ 그리고 ‘군사 전략’을 염두에 두지 않은 ‘셀프 군축’은 곧바로 군사력 약화를 가져온다. ”

"민족의 대역사,
수도이전(서울 →대구)을
심각하게 생각해 볼 때가 되었다."

북한 핵, 이렇게 해결할 수 있다.

초판 발행일 2018년 8월 16일
저 자 정진호
발행인 정진호
발행처 도서출판 星山

등 록 제 1998-000024 호(1998년 4월 25일)
주 소 서울특별시 용산구 서빙고로 237
전 화 (02)-792-0232
팩 스 (02)-792-2475
메 일 rispa8807@naver.com
ISBN 978-89-969280-4-1

값 : 18,000원
• 파본은 바꿔 드립니다.